后浪

诗 意 图 鉴

# 非常植物

[法] 弗朗西斯 · 阿雷（Francis Hallé）著
郭芊叶 译

北京联合出版公司
Beijing United Publishing Co.,Ltd

**作者简介：**

弗朗西斯·阿雷（Francis Hallé）是法国植物学家、生物学家，蒙彼利埃大学名誉教授。他专攻热带雨林研究。

卡琳·朵琳-弗罗热（Karin Doering-Froger）毕业于法国国立应用工艺美术学院。在传媒公司工作十年后，她成为自由插画师，参与绘制了“诗意图鉴系列”多部作品的插图。

**译者简介：**

郭芊叶，毕业于武汉大学法语文学系，巴黎第七大学法语文学硕士。

# 目　录

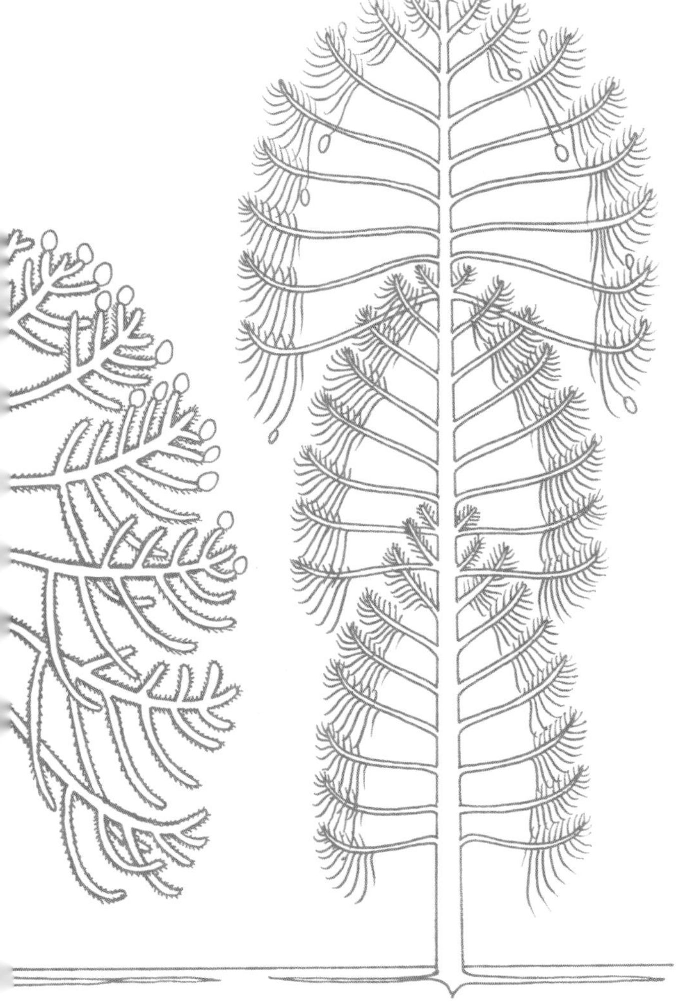

# 前 言

您翻开的这部图鉴，将为您展示一个奇妙的植物世界。身为植物学家，我曾长期在热带雨林（或者说赤道雨林）中考察各种植物。一路上，我遇到了许多习性或外观很特别的植物，还遇到了一些意料之外的趣事。诗意笼罩着森林里的植物，就像一只只蜜蜂聚集在蜂巢的周围，一朵朵浪花涌上船舰的甲板。我将它们记录和整理下来，著成此书。

在广阔丰茂的热带雨林中，不乏威严的参天大树，也不乏轻盈的诗意，但绝非供人玩乐。或许我不该过分强调这一点，因为我的本意不在于吸引眼球以呼吁大众关注地球上最后的雨林生态，也不想宣扬人类该如何拯救那些珍稀的物种，它们赖以生存的家园正是雨林。这处世界宝藏激发了无数的灵感，是创新之源、多样性之源，也是美之源。在本书中，我们不会讨论“热带雨林之殇”这一悲剧性话题。英国知名动物学家珍妮·古道尔[1]一生致力于研究黑猩猩，在此，我只想引用她的一句话：“为什么当人类的杰作被毁坏时，我们称其为对文明的破坏，而当人类毁掉大自然的杰作时，我们却将进步与发展作为挡箭牌呢？”[2]

暂且不谈那些宏大的主题，让我们来聊聊更为亲切、也更易入手的植物吧！

在殖民者和冒险家眼中，热带雨林往往相当于一片“绿色地狱”。我写下这本书，就是想告诉大家，恰恰相反，热带雨林是一个相当神奇的小宇宙。只要带着情感去体会、去观察，你就会觉得在雨林里自在极了。在偶尔到访的来客面前，植物展现着它们的生命；你每走一步，都在邂逅一个小小的奇迹。热带雨林有无尽的宝藏，它回应着对美的追求，对新奇感的追求，对诗意的追求。

1　珍妮·古道尔（Jane Goodall，1934—　），英国动物学家，因对灵长类动物的研究而享誉世界。为了观察黑猩猩，她曾在非洲坦桑尼亚的原始森林生活了 38 年。如今，她仍致力于野生动物的研究和保护。——译者注

2　Jane Goodall. *Seeds of Hope: Wisdom and Wonder from the World of Plants*[M].New York：Grand Central Publishing，2013——作者注

如果你对生命科学感兴趣的话，生活将不再仅仅意味着逸乐，它将变成一场真切的烟火秀，绽放各种令人心潮澎湃的谜题。达尔文在22岁时从剑桥毕业，他在发现了巴西雨林后曾这样描述他的心情："我从未体验过如此巨大的快乐。该如何形容一位博物学家初次走进巴西雨林时的感受呢？'快乐'一词的程度远远不够……天啊，天啊！这种幸福是如此地难以描述，没有哪种期望能达到比它更深的地步。"

植物可以给人以怎样的惊喜？它们的故事有趣到何种程度，又是怎样的神秘莫测呢？身为植物学家，我希望以手绘图的形式展示这一切。人们对动物的了解远远超过植物。虽说动物也同样生活在这片奇妙的森林里，但在本书中，我要将它们放在次要的位置上。其实，在热带雨林中，植物和动物之间的界限十分微妙，两者相互影响，相互依存，引出极为丰富的有待探讨的问题。

人们经常问我，在摄影技术如此完备的今天，为什么偏爱手绘图呢？这一问题的答案触及到植物学家的工作的本质。在我看来，植物学研究的重中之重，在于把握植物和人类之间的巨大差异。我们走进植物的世界，就好像在探访一个遥远的星球。等待我们的，是不一样的生命形式，是另一种语言，它们完全建立在不同的系统之上。若是想把这一切弄清楚，可千万不能吝啬自己的时间。这就是我偏爱手绘图的第一个理由——时间。

在摄影和绘画中，时间的价值有所不同。

只需一瞬，摄影师就可以拍下植物的形态，我们只能满足于短短一瞬间所提供的有限信息。然而，长时间的绘画意味着与植物对话，其中包含着主动的思考，这是必须花费的时间。别忘了，我们面对的可是"一个外星人"！绘画是人类思想的产物：在被描绘对象逐渐清晰的过程中，人与植物的交流得以完成。如果在这场和"外星人"的会面中出现任何问题，我希望可以拥有足够长的时间，以待答案水落石出。

为什么说绘画是人类思想的产物呢？这引出了我的第二个理由。实际上，摄影和绘画都是人类思想的产物。但对一张照片来说，摄影器材的质量有着决定性的影响。换句话说，人的想法能够通过照片展现，要更多地归功于摄影器材的设计者和制造者的才智。然而在绘画时，我们需要的仅仅是大脑和双手，没有中介。也就是说，绘画更直接地属于它的创作者。

这就是植物绘画总能唤起别样情感的原因，也是我钟情于手绘的第三个理由：植物绘画拥有相当珍贵且丰富的历史。我们可以欣赏到丢勒[1]的《一大块草皮》、波提切利[2]的《春》、阿尔德罗万迪[3]和穆蒂斯[4]曾分别编绘过的《植物志》，以及雷杜德[5]的《玫瑰集》。再来看看年代更近的作品吧：艾纳尔[6]的《高山植物图集和神圣植物图集》（*Herbier Alpin, Herbier Divin*）、芒雄[7]配以插图的《法国森林植物志》（*Flore Forestière Française*）和丹东[8]的《新胡安·费尔南德斯群岛维管植物志》[*New Catalogue of the Vascular Flora of the Juan Fernández Archipelago (Chile)*]，还有贝尔[9]所著的《植物形态》（*Plant Form*）——它不是因布莱恩[10]的插画而更加生动了吗？这个传统是值得尊敬的，我们应当继承它，发展它，丰富它。若有一天，信息技术完全取代了美好的手绘艺术，或许是由于人类文明大步走向了衰落。

我的愿望是，读者能够通过这本书，重新认识一个美好的热带雨林，雨林里蕴藏着我们所需要的一切。在横行当下的自大精神将人类引向悲剧之前，它将为我们提供一剂解药——读书吧，趁一切都来得及！

弗朗西斯·阿雷

1 阿尔布雷特·丢勒（Albrecht Dürer，1471—1528），文艺复兴时期德国画家。——译者注

2 桑德罗·波提切利（Sandro Botticelli，1445—1510），文艺复兴时期意大利画家，佛罗伦萨画派。——译者注

3 乌利塞·阿尔德罗万迪（Ulisse Aldrovandi，1522—1605），意大利自然科学家，曾在博洛尼亚建立植物园。——译者注

4 何塞·穆蒂斯（José Mutis，1732—1808），西班牙植物学家。——译者注

5 皮埃尔-约瑟夫·雷杜德（Pierre-Joseph Redouté，1759—1840），法国植物画家，尤其擅长花卉水彩画。——译者注

6 罗伯特·艾纳尔（Robert Hainard，1906—1999），瑞士画家、博物学家、作家和哲学家。——译者注

7 多米尼克·芒雄（Dominique Mansion），法国作家、插画家。——译者注

8 菲利普·丹东（Philippe Danton，1952— ），法国植物学家。——编者注

9 阿德里安·D.贝尔（Adrian D. Bell，1920—1944），伦敦林奈学会会员，致力于植物形态学的研究与教学。——译者注

10 阿兰·布莱恩（Alan Bryan），植物学家和插画家。——译者注

# 植物之最

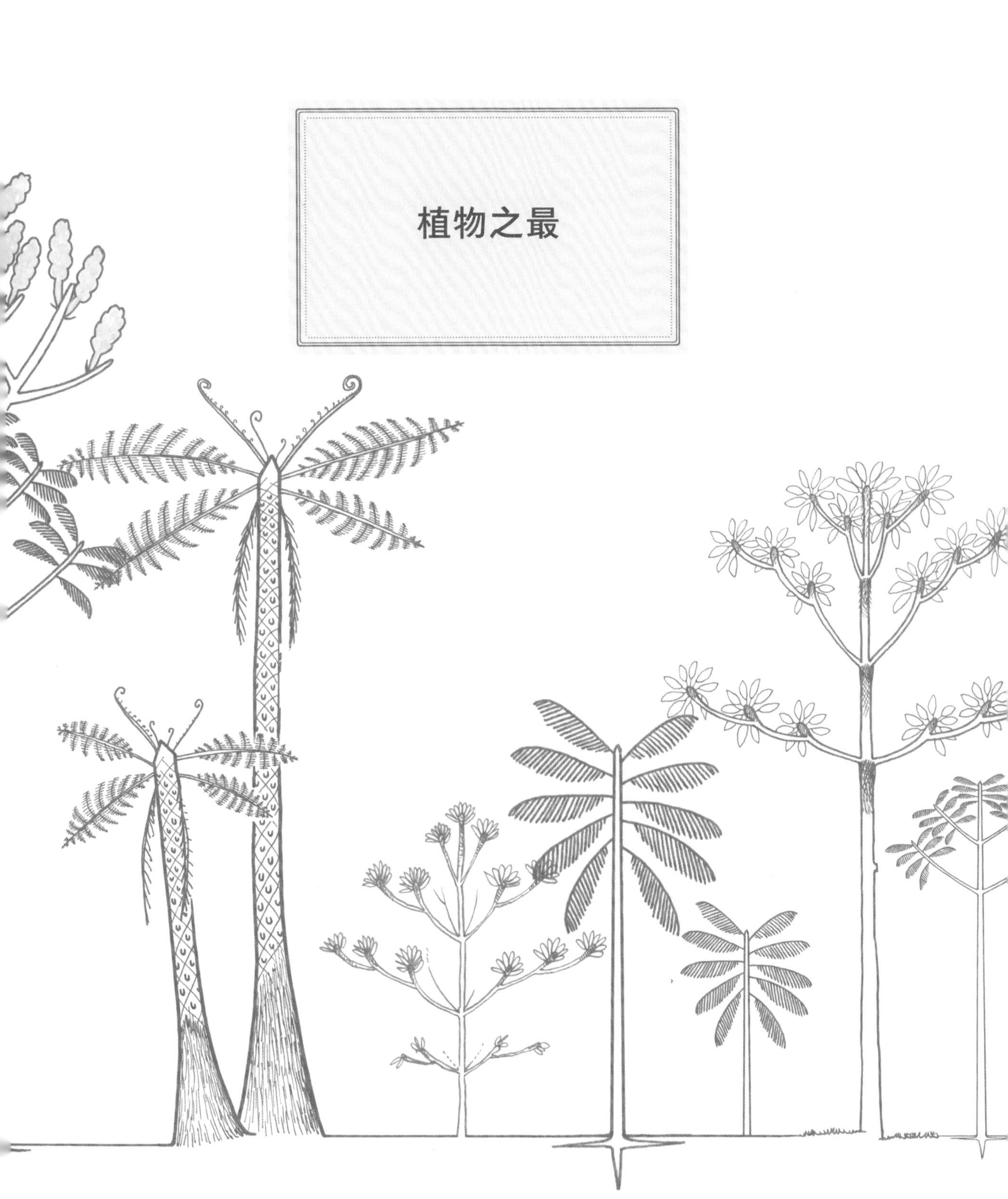

# 暗含侵略性的美人

## 凤眼蓝

*Eichhornia crassipes* (Mart.) Solms-Laub.

雨久花科

俗称：水葫芦

水葫芦的花瓣呈紫蓝色，最上方的一枚花瓣上有一块黄色圆斑，很是端庄秀美。水下，它棕黑色的根须呈羽毛状生长。在南美洲奥里诺科河盆地，首批来自欧洲的探访者被这种慵懒地漂浮在水面上的植物所吸引，将它采下带回了欧洲，浑然不知它的美丽背后，潜藏着巨大的危险。

1884 年，水葫芦被引进到美国路易斯安那州，随后是墨西哥。它很快便成为极受欢迎的观赏性植物，成为花园水池中的明星。水葫芦被传播到各大洲，但仅在原生地它才会结出种子。

这种水生植物长势惊人，一天之内就可以长 2—5 米，是已知的繁殖能力最强的植物之一。依靠营养生殖，一株水葫芦可以在 23 天之内无性繁殖 30 代，4 个月就有 1200 代！

人类将水葫芦带离其原生环境，也意味着帮助它逃离天敌，比如食水草为生的海牛。这样一来，水葫芦便可高枕无忧、生生不息！

然而，任由水葫芦这般大肆生长，它的叶子就会占领河流航道、湖泊或一些浅水水域，在水面上形成一层密不透光的屏障。这层屏障不仅阻挡了阳光，还抢走了藻类和鱼类生存所必需的氧气。水葫芦的叶子还会缠住船只的水力发电机和螺旋桨。此外，由于植物的蒸腾作用，它将造成所在水域的水平面下降。如今，水葫芦已经侵占了非洲的诸多水域，比如尼罗河、刚果河、维多利亚湖和坦噶尼喀湖。中国、印度、印度尼西亚和俄罗斯的淡水水域，也都遭受着水葫芦不断扩张的危害。

人类将水葫芦带离其原生环境，也意味着帮助它逃离天敌，这样一来水葫芦便可高枕无忧、生生不息！

人们做过很多努力想要根除这种极具侵略性的植物，但都失败了。水葫芦的叶柄因充气而鼓起，就像迷你浮筒一样，帮助它漂浮在水上。人们试图用机器将水葫芦打碎，然而它的无性繁殖能力很强，每一截断枝都可以长成一株新的水葫芦。

面对如此坚韧且屡战屡胜的植物，我们只好改变应对策略：与其费尽心思消灭它，不如加以利用。比如，有人将水葫芦制成脱水蔬菜丸，用以喂养牲畜，猪就特别喜欢这种食物。水葫芦还可以吸收水中的有毒物质和重金属，在防治水体污染方面也有大用。还有人把它当作家具制作的主要材料。在缅甸、泰国和越南，人们把水葫芦的根煮沸、晾干，再连成短绳，编织在竹楼外围。这种工艺的应用很明显地延缓了水葫芦对当地水域的侵占速度。

有些观赏性植物会显示出很强的侵略性，水葫芦不是唯一的例子。同样暗含侵略性的美丽植物还有留尼汪岛的郁金香、西班牙的蒲苇、蓝色海岸的金合欢、马达加斯加的桉树等。

如果有人想将什么植物引进自家花园，可一定要提前考虑清楚，这些异域物种可能潜藏着一定的危险！

# 橡胶从哪里来？

## 三叶橡胶树

*Hevea brasiliensis* (A. Juss.) Muell. Arg.

大戟科

俗称：流泪的树、橡胶树

橡胶树很美，高可达60米，是巴西亚马孙雨林中最大的树木之一。它的树干很漂亮，但是树皮上总有切口。大戟科植物的一大特点就是含有乳状的汁液。人们只需划开一棵橡胶树，就能看到白色的汁液从中流出，这就是制作橡胶的原料。

我之所以如此痴迷于这种植物，主要是因为它的生长节奏不同寻常。橡胶树生长、停止生长、落叶、再次生长的过程是一个42天的周期，不以年为单位进行计算。这是为什么呢？它就像是一棵生活在热带雨林里的欧洲植物，好像雨林有季节似的。这个问题至今成谜。但是如果我们有意打乱它的生长节奏，橡胶树就不会再出产胶乳了；如果我们让某棵树的胶乳流尽，它就会死亡。但是，人们并不在意橡胶乳汁对橡胶树有什么用。

人们更为感兴趣的是：植物能为人类带来什么？所以我们只顾采集药用植物，而不去问，它们为什么会具有这般珍贵且有益的品质？这对植物自身而言有什么意义？在动物身上，一切存在都各有功用，没有什么是无用的。但是在植物界却有许多不同的例子。比如橡胶树，我们就不清楚它含有胶乳的深层原因。难道说这真的是一种“无动机行为”吗？这一猜测并不那么尽善尽美，但或许这就是植物和动物的区别之一吧。

哥伦布在发现美洲后，曾在他的游记中提及橡胶乳汁，由此欧洲人知道了这种东西。18世纪时，法国的两位博物学家，拉孔达明（Charles Marie de La Condamine）和弗朗索瓦·弗雷诺（François Fresneau de La Gataudière），第一次将橡胶带回了欧洲。他们曾看到印第安人在玩一种球，这种球掉在地上之后可以弹起来，两位欧洲来客对此惊叹不已。这种树用克丘亚语来说是“caotchu”，意为“流泪的树”（“cao”意为树，“tchu”意为流泪），拉孔达明是它的首位科学记录者。在巴西，橡胶树被称作“seringua”，采集橡胶的人则被称作“seringueiro”。每天晚上，橡胶采集者都会离开茅屋前往森林，沿固定的环形路线去收集橡胶。

采集者先割开橡胶树的树皮，然后放置半个椰壳或一个罐头盒，以收集流出的汁液。不过，橡胶树并不会源源不断地流出胶乳，割开的树皮在两小时后就会结痂。快到早上8点的时候，橡胶采集者会带上一个大容器，再次从家中赶往森林，然后把从椰壳或是罐头盒里收集到的汁液都倒进去。他的动作很迅速，几乎是刚收集完一棵树，就马上奔向下一棵树，直到跑完这一大圈的行程。在完成第二圈之后，橡胶采集者就立刻以棕榈树的果实为燃料，生起火来；火堆升起的烟雾，可以使胶乳汁液凝成一个大大的球体。

我非常佩服橡胶采集者的智慧，比如美洲印第安人，他们总能很巧妙地利用橡胶。如果有人在亚马孙的公路上骑车时车爆胎了，他可以将自行车内胎卸下来，然后去找一棵橡胶树——这在亚马孙雨林肯定能找到！——划开树皮，橡胶乳汁流出来，取一些补住自行车内胎上的洞；熏上一根烟的工夫，就能加固这块橡胶补丁。他的自行车“满血复活”，可以重新上路了！

再想象一下，若是橡胶采集者需要一双长靴的话，他该怎么做呢？首先，他会用木头分别雕出双脚的形状。每天，他都把这一对模具浸在橡胶乳汁中，然后晾干。几天后，一双橡胶靴就可以出模了，他便可以穿着这双靴子在森林里工作了。可是，在清晨收集橡胶的时候，为什么采集者如此急于跑完全程呢？人们为什么不另建橡胶种植园呢？这就是橡胶树具有戏剧性的一面了：有一种叫作“咖啡驼孢锈菌（*Hemileia vastatrix*）”的致病菌，阻碍了巴西的橡胶树种植。若想避免大规模的感染，两棵橡胶树至少要隔上300米才行，这么一来，建立种植园也就不可能了。不过，美国企业家亨利·福特还是做出了尝试。1920年，一座名为“福特之城（Fordlandia）”的工业城市在巴西塔帕若斯河河畔拔地而起，福特在其中种植了上千棵橡胶树。然而，它们最终还是毁于咖啡驼孢锈菌导致的植物疾病。昔日繁华的福特之城如今也不过是一座空城罢了。你看，叱咤风云的工业翘楚也敌不过小小的致病菌！

橡胶树在被带出巴西热带雨林之后，终于摆脱了它的寄生菌，取得了生存的胜利。但是在巴西人看来，这却是一场欧洲人的盗窃。他们声称，英国人亨利·A. 威克姆（Henry A. Wickham）在印第安人同伙的帮助下，得到了 7 万颗橡胶树种子。他蒙骗海关，将种子偷偷带到了位于伦敦的英国皇家植物园——邱园。种子一到，英国人就立刻把它们种在热带温室中，并将成功种植的第一批橡胶树运往锡兰（现斯里兰卡）。

但是这种说法有待商榷！实际上，橡胶树的种子是由维多利亚女王亲自为邱园讨要的，该过程十分正式，而巴西人则很乐意地为女王献上了种子。但是，第一批种子没能到达英国，因为橡胶树的种子只能存活 3 个星期，根本熬不过漫长的帆船航程。在首批蒸汽船问世之后，一些种子才得以较为完好地抵达邱园，被种在热带温室里。后来，橡胶树又被带到了马来西亚，并且在斯里兰卡和整个东南亚都得到了很好的发展，泰国甚至常年高居世界第一大天然橡胶出口国之位。

巴西人忘记了这一切，还抱怨说这是一场“植物盗窃”。不过他们的心情也可以理解：巴西明明是橡胶树的原产国，如今却要花大价钱进口天然橡胶，想想也是件痛苦的事。

随着全球的物种交流越来越频繁，寄生性的咖啡驼孢锈菌终有一天会入侵东南亚。对此，橡胶树种植者早有准备：目前的橡胶种植不再采用单一栽培的方式，而是在模拟森林的生态模式，而且两棵橡胶树之间至少间隔 300 米的距离。

如今，大多数汽车轮胎都是由合成橡胶制造的。但是有些产品，比如世界一级方程式锦标赛的赛车轮胎、飞机轮胎、医用手术手套、避孕套等，却需要更高质量的材料，那就还得求助于天然橡胶了。从形而上的角度来讲，橡胶树不正为我们讲述着天然更胜合成的道理吗？

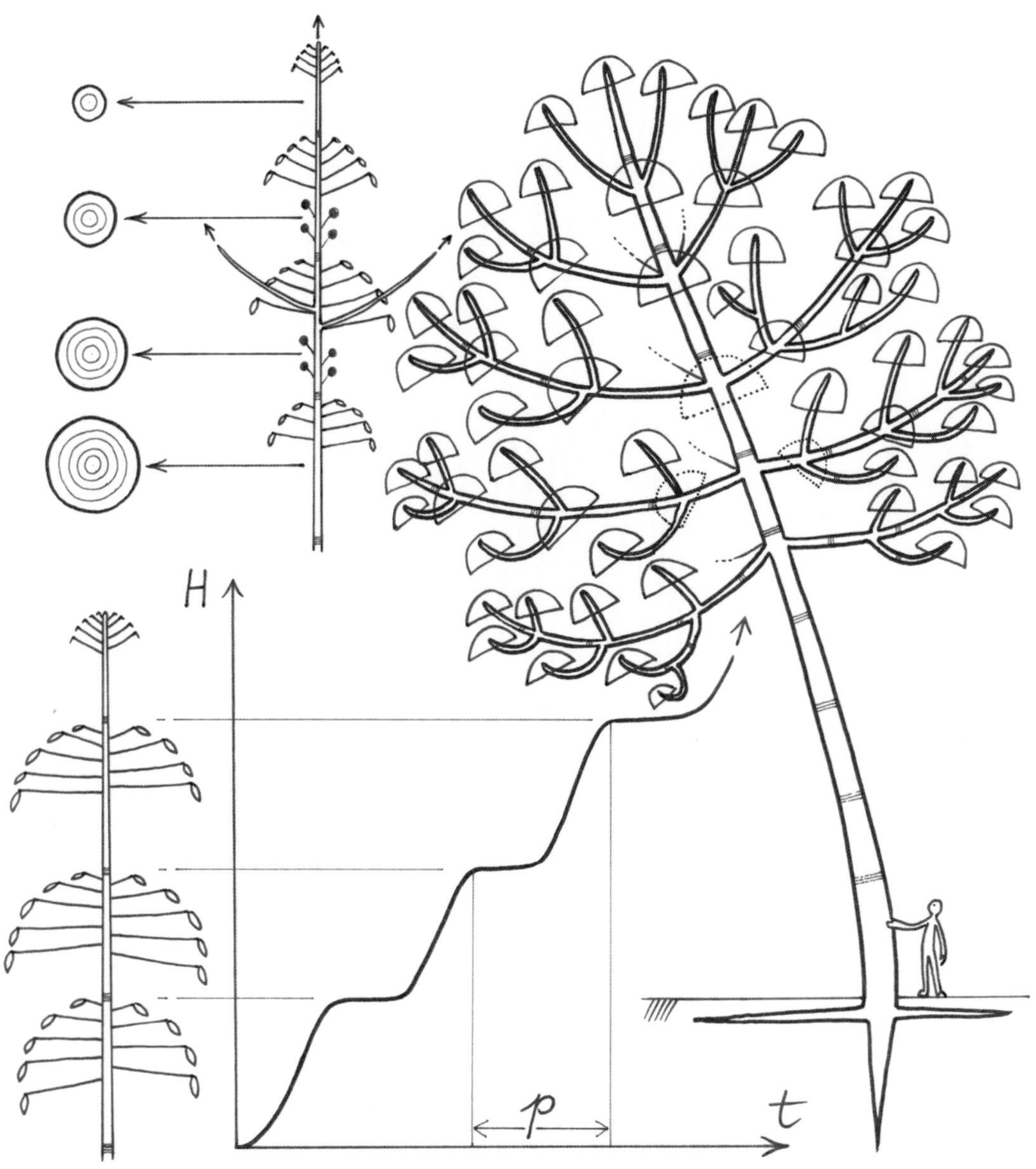

H
p
t

# 这株植物只有一片叶子！

## 巨魔芋

*Amorphophallus titanum* (Becc.) Becc.

天南星科

别名：泰坦魔芋、尸花魔芋

不论从何种意义来讲，巨魔芋都非同凡响。它原产于苏门答腊岛，19 世纪时被发现并引入欧洲。它的地下块茎生出奇异的花朵，花期短暂，吸引着成千上万的参观者前往欧洲，拥向法国南特或布雷斯特的植物园。如今，我们在英国康沃尔郡的“伊甸园计划（Eden Project）”的网站上，可以观看巨魔芋的开花过程。

巨魔芋好几年才开一次花，不开则已，一开惊人：巨大的花序轴可达 2—3 米，上面长满了无数极为微小的花朵。这是植物界最为盛大的花序[1]之一。

不过，由于它的花朵味道腐臭，人们也称它为“尸花魔芋”。随着花序轴的温度迅速升高，腐烂的味道也愈发浓郁。同时，外围紫红色的佛焰苞在花序底部徐徐展开——巨魔芋开花了！这对于鞘翅目昆虫，尤其是对于以腐尸为食的昆虫而言，是难以抵挡的诱惑。被吸引来的昆虫保证了巨魔芋的授粉。它一次开花仅持续 3 天，随后就会结满漂亮的红色果实，果实看起来和欧洲海芋的很像。

巨魔芋的另一个神奇之处在于，它的块茎每年只长一片叶子。然而就是这片叶子，长可达 6 米，宽可达 5 米，简直就是一棵小树。在这张建筑物一般的叶片之下，能藏好几个人呢！每年，老叶都会死亡、掉落，然后又有新叶长出。当块茎储存了足够多的营养，巨魔芋就会进入 4 个月左右的休眠期。之后，便是新一轮的开花、结果、落叶和休眠。

巨魔芋的块茎每年只长一片叶子。然而就是这片叶子，长可达 6 米，宽可达 5 米，简直就是一棵小树。在这张建筑物一般的叶片之下，能藏好几个人呢！

1 花序：花朵在花轴上的排列方式、开放次序。——译者注

巨魔芋实在是神秘莫测。我很好奇，为什么它的叶片总是锯齿状的？有人猜测这是一种防御机制。潜在的捕食者看到叶片有锯齿状的边缘，会误以为这是被啃食之后的残状，便离开巨魔芋，去寻找完整的食物。这种假设并不能真正说服我，但它是我们目前所持有的唯一推断。

在苏门答腊岛，巨魔芋是十分寻常的物种，似乎不会面临什么直接的危险。然而，事实恰恰相反，由于人类不断地砍伐森林，巨魔芋的生存空间受到了挤压。而且，随着巨魔芋在日本、韩国的园艺市场上大热，它成为不少植物偷盗者的目标。如今，世界自然保护联盟（IUCN）已将巨魔芋列入濒危物种名录。

# 非洲最大的树

## 毒籽山榄

*Baillonella toxisperma* Pierre

山榄科

别名：非洲山榄

要想在加蓬的森林里找到十几棵参天大树？只需一天就够了，而且它的直径比我现在写作所在的这间屋子还要大呢！不过，即使在这样的不乏巨木的森林里，当我们遇到毒籽山榄时，还是会感到心潮澎湃。我觉得毒籽山榄的高度、形状和寿命都堪称奇迹。几个世纪以来，正是它主宰着这片林海。

2012 年，我们在拍摄吕克·雅克（Luc Jacquet）执导的《从前有座森林》（*Il était une Forêt*）时，有幸欣赏过一棵正在开花的毒籽山榄。这是极为罕见的，也是极为短暂的。实际上，在湿热的雨林中不存在季节一说，所以同一种类的树木并不会同步生长。毒籽山榄不会同时开花，我们也很难遇到一棵正在开花的树。

毒籽山榄是非洲地区最大的树。这种巨树可达 70 米高，底端直径有 4 米。它高出周围的树木，也就是所谓的“露生树木”，主宰着林冠。热带树木往往没有年轮，所以很难判断它们的年龄；就算是有年轮，也不遵循一年产生一轮的规律。尽管如此，我们还是可以估量出毒籽山榄的寿命可达千年之久！

毒籽山榄的树形结构单一，显得仪表堂堂、相貌威严：有节奏的生长发育，水平伸展的层层树枝，没有任何重复。毒籽山榄像所有的单一主干的树木一样，有种端庄的美感。它的树皮很厚，呈棕红色，上面有垂直且深的沟纹。它的叶片是金褐色的，呈星状聚集在枝杈的顶端。毒籽山榄的花很小，开起来不计其数。花瓣呈粉色，之后会变成砖红色，散发出很特别的味道，闻起来像是保养得当的名贵旧家具。

加蓬人非常喜爱这种树，毒籽山榄已成为他们的生活和文化中极为重要的一部分。当地流传着许多关于它的传说。一位侏儒声称，只要抹上由毒籽山榄的树皮研磨出的粉末，就可以隐形。不过，他说这话的时候，可还在我眼前站得好好的呢！

一棵巨大的毒籽山榄每年会结出 2.5 吨果实。这些果实成熟之后，看起来很像果肉丰满的巨大金梨。人们还可以从它的种子里提取食用油和护肤用油。

从这个层面上讲，“毒籽山榄”这个名字起得不大合适。它的学名中的“*toxisperma*”意为“种子有毒的”，然而事实却完全不是这样。而且，毒籽山榄的树皮也具有一定的药用价值，许多江湖医生都对它感兴趣。

不仅如此，毒籽山榄还很受动物的欢迎，特别是大象。果实成熟后，会从 60 多米高的树上掉下来，落在地上发出沉闷的撞击声。这种低频的震动给大象以信号，它就会循着树木果实散发出的强烈气味，找到毒籽山榄。大象扮演着正面角色吗？是的，它吃掉果实，将种子吞进肚子里。等大象走到几千米之外的地方，种子会随粪便排出，在该地生根发芽。而且，大象的消化道还为种子的生长提供了养分。种子发芽后，会在十几年内长成一棵小毒籽山榄。它的外形，就是一个绝妙的奥布雷维尔[1]模型（Modèle d’Aubréville）范例。

但是大象所带来的影响并不完全是积极的，它还会在毒籽山榄的树皮上划出深深的伤痕。有时，在树木的结果期之外，大象也会来寻觅食物，并用象牙狠狠地撞击树干。如果这些伤痕连成一圈，就会中断垂直向的营养输送。这样一来，水分无法从树根传向顶端的树叶，而顶端的汁液也无法被输送到下方的树根，毒籽山榄就会死亡。

不过对于毒籽山榄而言，最大的危险来自人类。在殖民时期，它是最受细木工匠青睐的木材。人们到处寻找毒籽山榄，大肆砍伐，然后将它运往欧洲。我在蒙彼利埃植物研究所工作了 25 年，那里的门和窗全都是用毒籽山榄木做的。万幸的是，在“地球之友”（Les Amis de la Terre）的领导及喀麦隆和加蓬地区的一些乡间社区组织的帮助下，保护毒籽山榄的运动有了成果：很多法国大型企业都决定不再进口这种木材。从 2010 年开始，加蓬禁止砍伐毒籽山榄，可惜的是喀麦隆还没有出台相关法规。

现在，世界自然保护联盟已将毒籽山榄列入濒危物种红色名录，属于“易危”物种。

---

1 安德烈·奥布雷维尔（André Aubréville，1897—1982），法国林业学家，终生致力于对热带森林的研究。这一植物结构模型的命名是为了向他致敬。——译者注

# 它来自鲁滨逊漂流岛

## 盾形大叶草

*Gunnera peltata* Phil.

大叶草科

别名：智利大黄（*Nalca*）、大根乃拉草（*Pangue*）

盾形大叶草相当壮观、不同寻常，给观者留下难以磨灭的印象。我第一次看到盾形大叶草，是在英国康沃尔郡西南方的锡利群岛上的特雷斯科修道院花园里。

后来，我在智利的胡安·费尔南德斯群岛上又有机会一睹它的风采。盾形大叶草是鲁滨逊漂流岛的本土植物，在山坡和谷底大量生长。它有树形蕨的外形，"树干"柔软，高可达 2 米。如果我们推动"树干"，它就会应势而倒：原来它不是一棵树，不是木头！

在盾形大叶草的顶端，有一个红宝石色的纤维状巢，从中伸出巨大的叶片，展开约有 2 米。多么繁茂的叶丛啊！这些树叶呈锯齿状，饰有纹路和毫无攻击性的刺。在茎的顶端，盾形大叶草那长长的花序甚至能超过 1 米。夏天，它会开出粉红色的花，散发着轻柔的芬芳气味。随着茎不断变粗、不断伸长，盾形大叶草就这样慢慢伸展开来。一株幼苗需要经过十几年的生长，才能达到成熟阶段。

盾形大叶草看起来很像巨形大黄，似乎也是可以食用的，实际上却不是这样。它的茎呈绿色，上面充满了菌绿素[1]，一样能够进行光合作用。

解剖一棵盾形大叶草，花了我 3 天的时间。一般的实验，植物学家用普通的解剖刀就够了，但这次，我不得不用上了一把剁肉的刀！

对植物学家来说，这是一种震撼人心的植物。除了将它画出来之外，我真不知道该用什么方法来表现它才好。我永远忘不了在长满盾形大叶草的森林中漫步的那些日子，它们巨大的叶片在我头顶伸展，如同一片绿色的穹顶。

1　菌绿素，存在于多种细菌中的光合色素，含有菌绿素的细菌可以进行光合作用但不产生氧气。——译者注

# 世界上最大的花

## 阿诺德大王花

*Rafflesia arnoldii* R. Br.

大花草科

别名："Bunga patma"（马来西亚当地语言，意为"荷叶般硕大的花"）

请想象一下，我们正走在苏门答腊岛的森林之中，突然，一种可怕的味道蔓延开来，让人联想到堵塞的茅房，或者8月盛夏里停摆的垃圾场……这种腐臭的味道让植物学家们忍俊不禁，也唤起我许多关于亚洲森林的回忆。闻到这种臭味就意味着，我们离大王花不远了。1818年，英国植物学家约瑟夫·阿诺德（Joseph Arnold）发现了这种寄生植物，并为它命名，以纪念托马斯·莱福士爵士（Sir Thomas Raffles）[1]。

在丛林中，要是想确定大王花的位置，就得跟着这股恶臭走。等到了地方，你就会看到：没错，这就是世界上最大的花——大王花。它的花径可以达到1米，花被片[2]宽度可达30厘米，总重约7千克。大王花可不懂得什么叫作"低调"，它的雄蕊、雌蕊，以及5片硕大的花瓣都又厚又硬，呈现出腐肉一样的色泽。考虑到大王花如此特别的味道和颜色，我们认为它的授粉使者应该是苍蝇，大王花的上空总是盘旋着"黑云"！

其实，我们只能看见它那硕大的花朵，看不到它的茎和根。这是因为大王花寄生在葡萄科崖爬藤属（*Tetrastigma*）的植物上，根和茎都在寄主的内部。大王花必须从寄主身上汲取水分和养分，就算两者之间隔着好几米的距离，它仍能和寄主在地下相连。

2013年，南加利福尼亚的圣迭戈植物园成功地在温室里种植了阿诺德大王花，并迎来开花，引起了不小的轰动。这次种植之所以能够成功，就是因为引进了崖爬藤属的植物。等崖爬藤属的寄主长到足以供养大王花时，人们就在它的根部切一个口，并把大王花的种子放在旁边。

不过，我心里还有一个未解之谜：苏门答腊岛雨水丰沛，而大王花的形状恰好就像一个蓄水盆，可是它为什么没有因此而积满雨水呢？

---

1 瑞典生物学家林奈在1753年创立了动植物的双名命名法，规定每个物种的学名应由属名和种加词两个部分组成。阿诺德大王花的学名为 *Rafflesia arnoldii* R. Br.，其属名"Rafflesia"是为了纪念托马斯·莱福士爵士（Sir Thomas Raffles），其种加词"arnoldii"源于其发现者约瑟夫·阿诺德（Joseph Arnold）的姓氏。——译者注

2 花被片是花被的一部分，包括花瓣和萼片。——编者注

RAFF
LESIA

# 世界上最长的叶

## 非洲大王酒椰

*Raphia regalis* Becc.

棕榈科

别名：皇家酒椰

我总是对那些巨大的树木感兴趣，还有它们的叶子和花……当我还是学生的时候，老师告诉我们粉酒椰（*Raphia farinifera*）是世界上叶子最长的树，叶片有 12 米。在当时的我们看来，它已经相当巨大了。

在毕业多年之后的 1969 年，我和刚果人在当地的森林里考察时，和一棵棕榈树不期而遇。但是，我们只能观察到它的叶子的底端，顶端则消失在茫茫林冠中。和我同行的刚果人花了一刻钟的时间，才用大刀砍下一片叶子来。伴随着一声巨响，叶片掉落，好似一棵大树倒下。我们把这片叶子带回了实验室，测量出它长28米、宽4米、重100千克！在接下来的一个月里，我们回到那片森林，在这棵棕榈树的周围挖掘，试图进一步测量埋在地下的部分。最后，酒椰树散开了，它的叶子纷纷掉落，宛若高楼坍塌。高大的酒椰树一共只有 7 片叶子，每根叶柄上侧生着长长的小叶。

第一位记述这种植物的，是意大利著名的棕榈科植物专家奥多阿尔多·贝卡里（Odoardo Beccari）。如今，植物界中叶片最长的，就数非洲大王酒椰了。它的叶子要比粉酒椰长一倍呢！这个发现难道不值得登上吉尼斯世界纪录吗？

皇家酒椰还有一个特别之处。它的果实结成硕大的一串，很是漂亮，且重达 20 多千克。果实外壳的质感像蛇皮，如果你摇动果实，可以听到里面有核在晃动。不过，一旦皇家酒椰长出了这样一大堆果实，就会死去。这种树的结构形态符合霍尔特姆[1]模型（Modèle de Holttum）：单一树干、不分枝，顶端开花，花期过后就会死亡，因为没有树枝也就无法继续生长。皇家酒椰往往要花上几十年来生长，然后开花，死亡——难怪它如此罕见呢！

1 理查德·埃里克·霍尔特姆（Richard Eric Holttum，1895—1990），英国植物学家。——编者注

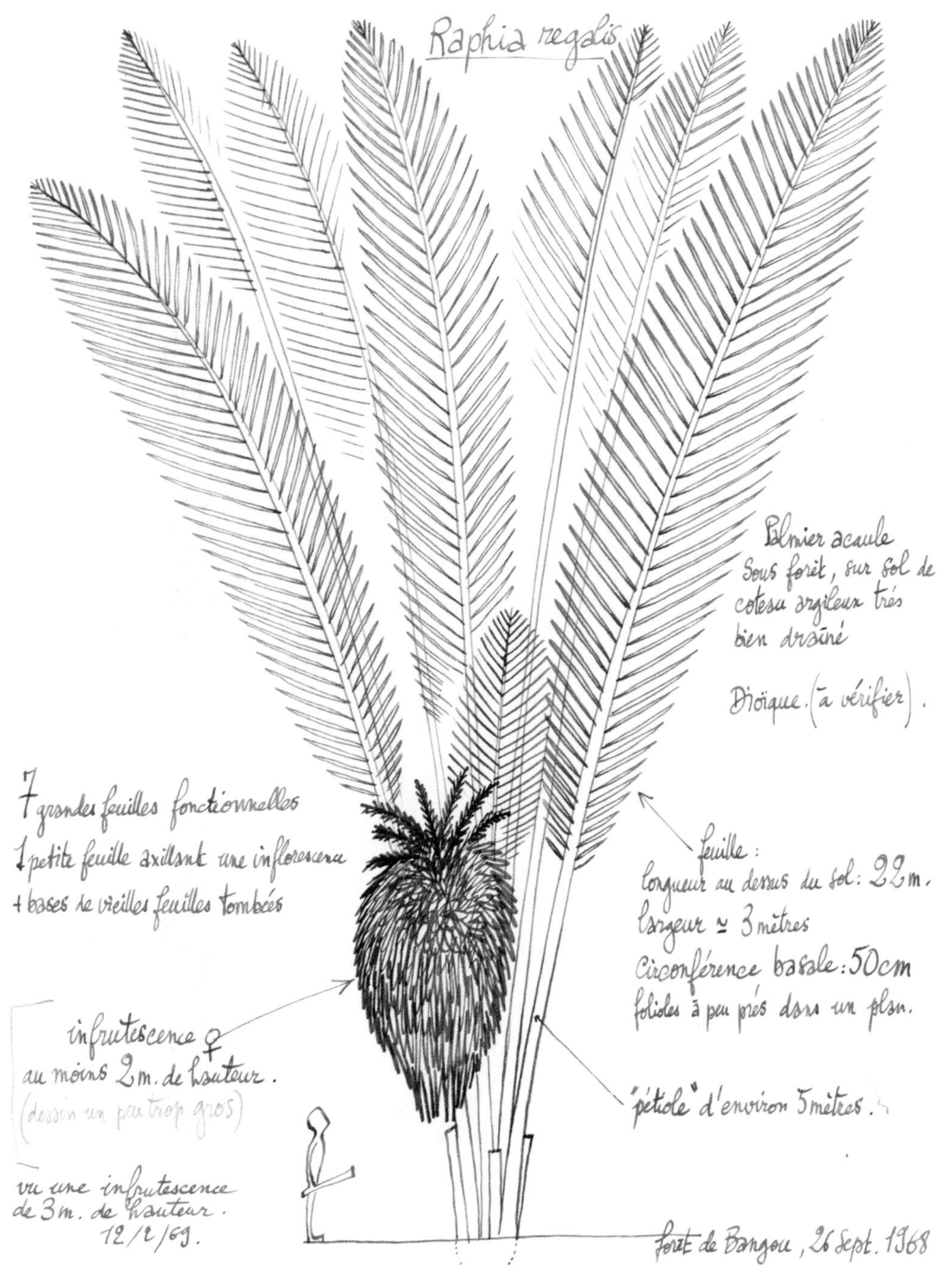
Raphia regalis
Palmier acaule
Sous forêt, sur sol de coteau argileux très bien drainé
Dioïque. (à vérifier).
7 grandes feuilles fonctionnelles
1 petite feuille axillant une inflorescence
+ bases de vieilles feuilles tombées
feuille :
longueur au dessus du sol : 22m.
largeur ≃ 3 mètres
Circonférence basale : 50cm
folioles à peu près dans un plan.
infrutescence ♀
au moins 2m. de hauteur.
(dessin un peu trop gros)
"pétiole" d'environ 5 mètres.
vu une infrutescence de 3m. de hauteur. 12/2/69.
Forêt de Bangou, 26 Sept. 1968

# 它是世界上生长最快的树吗？

## 粘叶豆

*Schizolobium parahyba* (Vell. Conc.) S. F. Blake

豆科

别名：巴西火焰木

我很喜欢这种生长在亚马孙地区的植物，粘叶豆。它开花时呈现出一派引人注目的金黄色，所以我们在很远的地方就发现了它。在成熟之前，粘叶豆的叶子很像树形蕨，而且大到足以覆盖一张桌子！到了旱季，粘叶豆迎来花期。它抖掉树叶，完全变成金黄色，而它所笼罩的地面也是一片金黄。粘叶豆是热带地区最美的树木之一。

我还住在科特迪瓦的时候，有幸得到了一些粘叶豆的种子。我将它种在了院前。一年之后，这棵树已经长到了 9 米之高；两年之后，18 米；三年之后，21 米。如今，透过窗户，我们只能看到粘叶豆那灰绿色的树干，上面有枝叶脱落后留下的瘢痕。成熟之后，它会达到 25 米。你看，粘叶豆就是这样一种铆足劲儿生长的树！

在巴西，人们大量种植这种树作为木材。因为它的木质很好，而且生长速度惊人，利润很大。

尤为令人惊叹的一点是，粘叶豆会分泌黏液[1]：如果我们把手放在幼树的树干上，就会被粘住！正是因为这个特性，粘叶豆的树干顶部总是布满昆虫的尸体，就像一张捕蝇纸。不过，它并不是食肉的植物，无法消化这些昆虫。实际上，这种黏液是从芽中分泌出来的，目的是保护新叶，不让新叶过分干燥。

在亚马孙，我再次见到了粘叶豆。它的形态结构和松树、橡树一样，属于劳[2]模型（Modèle de Rauh）。也就是说：粘叶豆的所有轴——树干和树枝——都向上生长；层层树枝呈阶梯状，有规律地分布；花序开放于两侧，呈金黄色，长满树的顶端。所以我们远在亚马孙河上漂流的时候，就注意到了它。

粘叶豆究竟是不是世界上生长得最快的树呢？在不远的将来，植物学家会不会发现另一种同属豆科的植物，长得比粘叶豆还要快呢？这是绝对有可能的！

1 原文中作者在此处使用了法国南部的方言“péguer”，意为“粘住”。——译者注

2 韦纳·劳（Werner Rauh，1913—2000），德国植物学家，曾在海德堡大学任教。——译者注

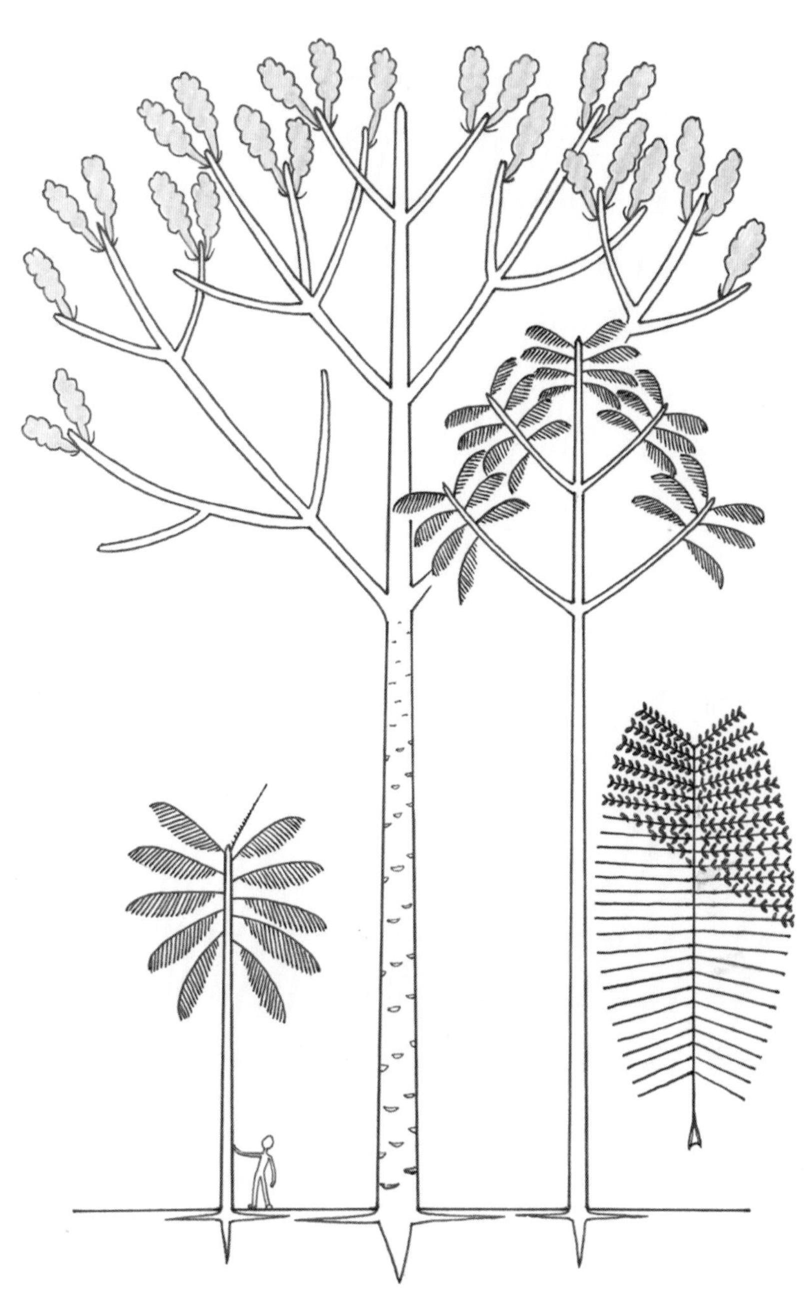

# 巨大的藤

## 巨榼藤

*Entada gigas* (L.) Fawcett & Rendle

豆科

它是世界上公认的最长的植物，可以足足长到1000米！不过，还没有人能够对巨榼藤进行精确的测量。它生长在中非地区的森林里，要想测量可是件难事。我曾在科摩罗的一片次生林里见过它。巨榼藤会一直攀缘到其他树木的顶端，盘绕相连，缠住数十棵树木。它是如此强壮、繁茂，甚至可以覆盖树顶。而且，巨榼藤很重，被攀缘的大树有时会因不堪重负而倒下。这时，巨榼藤就会向周围的其他树发起新一轮“攻势”。

不论巨榼藤的长度如何，它都承受得住世界上最大的荚果：其荚果长达2米，宽达12厘米。荚果悬挂在巨榼藤盘旋的藤蔓上，必须要爬到树上才能找到。不过，您也可以收集掉在地上的果实碎片。一颗荚果里含有15个左右的棕色种子，种子的形状像是扁扁的桃心，漂亮极了。这些种子会随河流一路漂向大海，人们常常能在海边看到它。巨榼藤的种子可以随水漂流，从非洲海岸一直漂到南美洲海岸。所以，亚马孙雨林里也生长着巨榼藤。

那么世界上最大的植物究竟是什么呢？加利福尼亚红杉，达到了120米之高，是世界上最高的树，但也算不上是世界上最大的植物。在加利福尼亚州的马德雷山脉地区有一棵紫藤，长达152米，它于1892年被种下，如今已覆盖了4000平方米的面积的土地，大小相当于足球场的一半！每年春天，它都会开出无数淡紫色的小花，缀在枝叶间熠熠生辉。这才是迄今为止世界上最大的藤本植物！

只有寥寥几个植物学家特别关心植物界的“世界纪录”，关心植物最长能长到多少、底端直径最宽能达到多少、寿命最长能活多久之类的话题。如果我是他们中的一员，那么在我看来，这些植物纪录的有趣程度远远超过了人类的吉尼斯世界纪录。我不在乎大胃王能吞下多少香肠、豪饮多少啤酒，却很关心某种植物究竟可以长到多大——正是这些问题，丰富着我们对生命的认知。

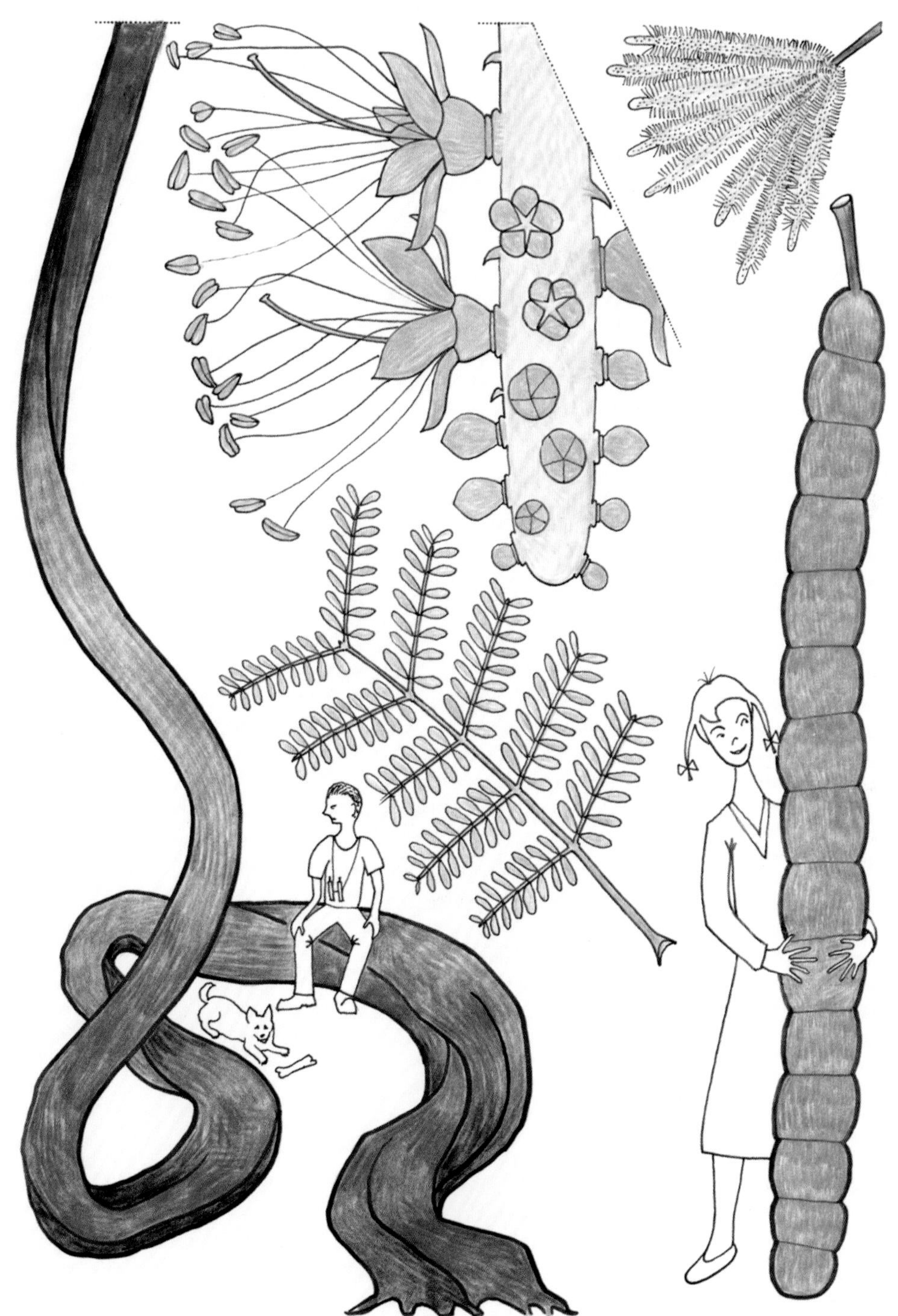

# 适者生存

# 单单一片叶子就是一株植物!

| 卓越独叶苣苔 | 海角苣苔 |
| --- | --- |
| *Monophyllaea insignis* B. L. Burtt | *Streptocarpus monophyllus* Welw. |
| 苦苣苔科 | 苦苣苔科 |
| 独叶苣苔属 | 苦苣苔属 |

我在非洲看到这些苦苣苔科植物的第一眼，就被深深迷住了。后来我又在婆罗洲[1]遇见了它们，仍然为之倾倒。在植物学家眼中，独叶苣苔属的卓越独叶苣苔绝对是热带地区最为奇妙的生物之一。一株植物，竟只由孤零零的一片叶子组成，叶片紧贴着基部，且可以长到1米那么长——这实在是太奇怪了!

这些独叶植物生长在潮湿、阴暗的环境里。非洲的苦苣苔属植物和亚洲的独叶苣苔属植物，都是旧大陆[2]上热带森林的灌木层[3]中的成员。它们为了能在永远幽暗的林下生存、繁衍，采取了一系列的生存策略。

在热带森林中，每时每刻都有无数的植物残骸从林冠掉落，比如折断的树枝，或是枯败的树叶。它们足以将位于灌木层的植物埋起来，夺走仅有的阳光，造成致命的伤害。和所有攀缘植物一样，苦苣苔科植物也时刻面临着这种危险。对于这些无法长到几百米高的植物而言，为了避免落叶在它们身上堆积，唯一的生存办法就是在垂直的表面上生长。所以，苦苣苔属的海角苣苔总是盘在峭壁及悬岩上，或是树干底部。多亏了它细小而不计其数的种子，这个策略才得以实现!

然而，这种生存策略也有副作用，那就是远离了土地。因此，植物必须严格地将自身的营养器官减到最少，也就有了这些独叶植物。就像我们在画中看到的那样，它们只有一片巨大的叶子，低低地垂着，在其基部生出根和花。在森林中，独叶植物是不容忽视的存在。

它们的叶片从底端生出，不断伸展，达到顶端之后再垂下头来生长，大概可以活好几年。不过，这些独叶植物的具体寿命还有待进一步研究。

1 婆罗洲(马来语:Borneo)是世界第三大岛，印度印西亚称之为加里曼丹岛(印尼语:Kalimantan)，它由马来西亚、印度尼西亚和文莱三国共同管辖。——译者注

2 旧大陆(Ancien Monde)指哥伦布发现新大陆之前欧洲人所了解到的世界，即欧洲、亚洲和非洲。——译者注

3 热带雨林通常分为五层:上层林冠层、冠层、林下叶层、灌木层和地面表层。——译者注

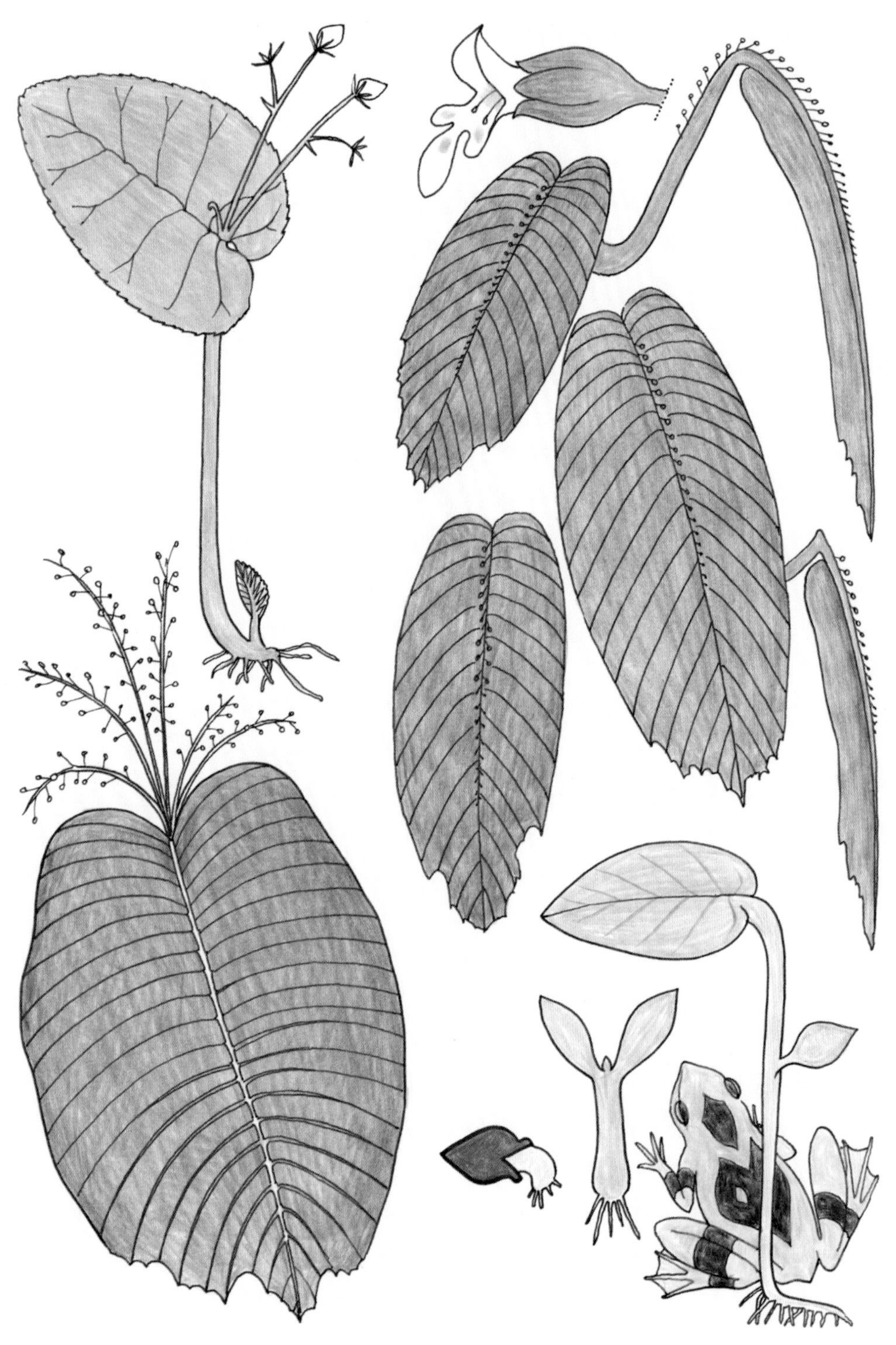

# 从腐殖质中长出的花

## 端心木属

*Duguetia calycina* Benoist

番荔枝科

走在亚马孙森林里，我们的目光有时会被地上的一朵大花吸引，它的颜色像波尔多红葡萄酒，随后是两朵、三朵、四朵……多么令人惊异的景观啊！在热带森林中，更为常见的是从林冠掉落的花瓣碎片，而这种花，竟从腐殖质中长出，挺立在地上。热带地区原生林的地表，往往覆盖着一层 50 厘米厚的二氧化碳，谁要是想躺在地上小憩一下，就会有缺氧的感觉。那么端心木为何能在如此贴近地面的位置开放呢？这大概意味着它的授粉者也不受二氧化碳的干扰。

在这片花丛的中间，立有一棵小树，树干底端像是搭起了许多小架子，和红树的支柱根很像。如果我们把它刨出来，就会发现这其实不是树木的根，而是地下的花序，也就是专门开花和结果的支撑轴。这就是端心木的花朵会破土而出且保持挺立的原因。我们还不太了解这种花的生物学特性，也没有弄明白它为什么会从腐殖质中长出。在这里我只想补充一点，端心木的气味很迷人，有点像酒。它应该是靠飞虫来完成授粉的，比如双翅目昆虫、膜翅目昆虫或蝴蝶。

我在喀麦隆的南部地区观察到了同样的现象，青钟麻科（Achariaceae）的植物也有像这样从腐殖质里长出花来的，那就是鞭犬玫属[1]（*Caloncoba flagelliflora Gilg*. ex Pellegr）。那时，我在潮湿的坎普群落里发现了一大片白色的小花，如同林中的地毯。它们从土壤中长出，挺立在地面上，感觉像是一片小雏菊。在它们中间也有一棵小树，约 5 米高，底端也有小架子似的支柱。挖开之后，我发现这是长达 11 米的花序。

很多学者觉得潮湿的热带雨林魅力无穷，或许他们可以进一步研究森林地表的二氧化碳层，弄清它对生存在地表的动植物的影响，以填补我们在这方面的空白。

1　该物种中国未引进，“鞭犬玫属”为拟译名。——编者注

Duguetia friesii          ANNONACEAE

F.H. n° 2632

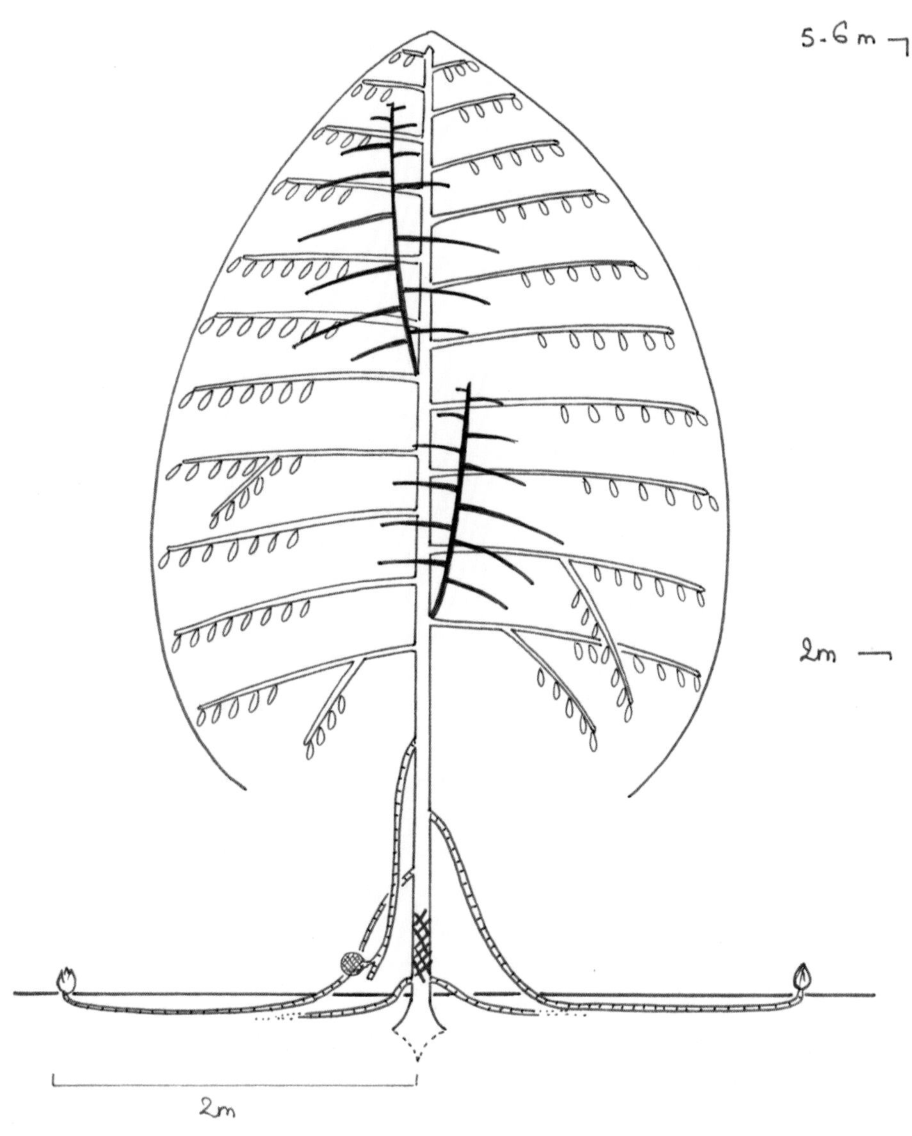


30 I 78

GUYANE. Sommet nord du Mt Galbao

# 伪装成蘑菇的植物

## 双柱蛇菰属

*Helosis cayennensis* (Sw.) Spreng.

蛇菰科

1962 年，我在圭亚那的马纳河溯流而上的途中，注意到了一种红色的“蘑菇”。当时它的“菌盖”尚未张开，而且第二天就死了。在接下来的几天里，我看到了很多这种“蘑菇”，也是在翌日清晨就死亡了。我意识到自己竟从未见过它的“菌盖”张开时的样子——似乎有什么事情在夜里发生过。

于是我决定守夜，好好观察一番。我在这天晚上看到了非常奇特的景象：这些假“蘑菇”是由一个挨一个的鳞叶伪装而成的，夜幕降临时，其“菌盖”就会开出花来！随后，所有的鳞叶都掉落了。原先是“菌盖”的部位，现在是一颗开花的圆球。入夜之后，这些花朵枯萎、凋亡，只留下裸露的红色表面，上面有许多小洞。夜晚即将结束时，这些洞里会开出新一批花朵。快到凌晨 4 点的时候，它的表面已开满了白色的小花，散发出好闻的味道，吸引着昆虫。破晓时分，第二批花朵也凋谢了，全部腐烂在泥土中。

我原以为这是某种蘑菇，没想到它却是一种开花的寄生植物！它位于林下灌木层，生活在幽暗的环境中，缺乏阳光，所以很难进行光合作用。于是，它进化出了这样的生存方式：舍弃叶子，不要叶绿素。它的根在周围树木的根系上钻孔，然后从中汲取糖分和光合作用产生的其他养分。在夜里，它的雌花和雄花先后开放，散发出诱人的芬芳；等到黎明，这株植物就会凋谢，落到地上。

我被迷住了，为它绘制了好几幅彩色图画。真没想到一株开花植物能够伪装成蘑菇的样子！

**发现新物种并为之命名，这完全不能吸引我。我希望能将植物学带离“命名”和“归类”的强制纷扰，好将它引向对植物的真正的生物学研究。**

它让我思索起植物学的功用来。我的大多数同行都想发现某种全新的植物，并为它命名。可是这类事情却完全不能吸引我，这不是我真正的职责所在。令我着迷的是植物的生命特征。我希望能将植物学带离“命名”和“归类”的强制纷扰，好将它引向对植物的真正的生物学研究。

让我们再回到这株伪装成蘑菇的植物吧！它的寄生行为是完全正当的，甚至可以说是“合乎道德”的。实际上，在热带森林中，处于林冠层的高大树木攫取了绝大部分阳光。贴近地面的矮小植物生活在幽暗的环境里，很难进行光合作用，只好从大树的根部汲取能量。这是生物间的正当来往。

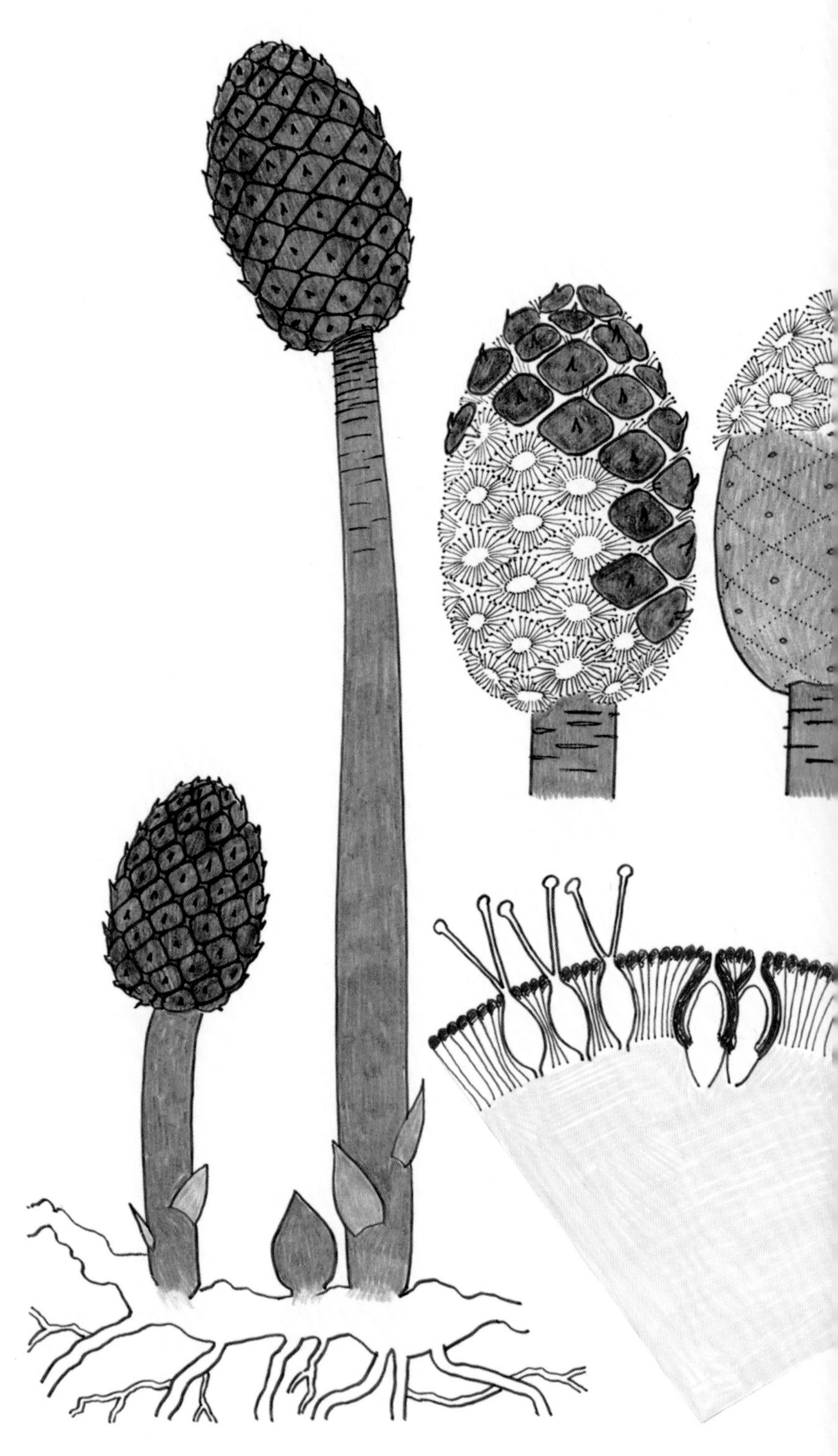

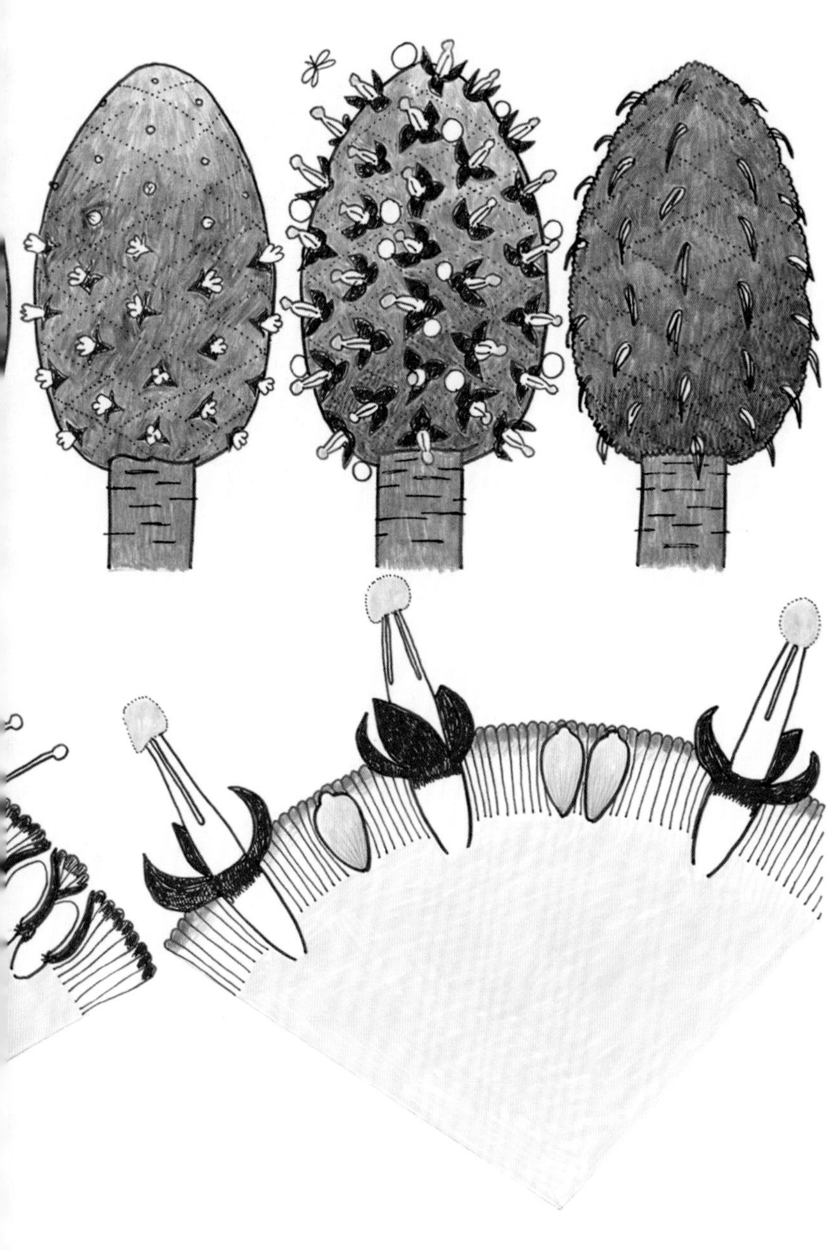

# 地下的树

| 怀春李属 | 春茄属 |
| --- | --- |
| *Parinari* | *Jaborosa* |
| 可可李科（南非） | 茄科（阿根廷） |

如何定义一棵树呢？当我说到“树”的时候，所有人都明白我的意思；可当我们想给它下一个定义的时候，却意识到这几乎是不可能的。树应当是木质的吗？应当有多个枝干吗？只能有一个树干还是可以有多个树干？应当有叶子吗？什么样的定义才能将热带树木和活化石树木也很好地包含进去呢？到了21世纪，我们仍未在树的定义上达成共识。

如果你在欧洲的林业学校学习，你将了解到仅仅适用于欧洲树木的定义，似乎真正称得上是树的，就只有我们这儿的：单一树干，木质坚实，树枝分杈，树冠枝叶繁茂，树高超过7米。橡树、山毛榉和椴树就很符合这个定义。

但是，不论是活化石树木还是热带树木，都不完全符合这一定义。在热带地区，有些树的树干有12个左右；还有的树既没有分杈也没有树枝，比如棕榈树；更有甚者连叶子也没有，比如乔木状的仙人掌植物和非洲地区巨大的大戟科植物。

有一次，我几乎想出了一个十分满意的定义——直到我在比勒陀利亚附近的南非热带草原发现了长在地下的树，这种树木的存在完全推翻了我的定义。在湿季，我们只能在地上看到它的一大摊叶子和花朵，占地几十平方米。等到了干季，这一切都消失了。要想找到这棵树粗壮却柔软的枝干，就得深挖下去。必须承认，这是不折不扣的“地下的树”。

如果你在欧洲的林业学校学习，你将了解到仅仅适用于欧洲树木的定义，似乎真正称得上是树的，就只有我们这儿的：单一树干，木质坚实，树枝分杈，树冠枝叶繁茂，树高超过7米。

它并不属于地下植物的科属，却生长在地下，这意味着什么？它为什么要将自己埋在地下呢？研究表明，这些树木非常古老，有些甚至超过了 1000 岁。我们还了解到，在它生长的地方，经常有草原火灾。早在人类出现以前，雷电就总在这里触发自然火灾。面对这种境况，树木演化出了在地下生长的应对机制，因为土壤是很好的隔热体，可以保护树木不受大火的侵害。这类生长在地下的树实在是有趣，人们在非洲和美洲发现了 15 种。

我的同行，英国植物学家弗兰克·怀特（Frank White）这样总结此发现对于森林的意义，他的这篇文章在热带植物学界引起了不小的轰动："它揭开了非洲森林地下世界的序章。"[1]

1 *Garden's Bull*, Singapour, 29:57–71, 1976.

# 无叶的兰花

## 球距兰

*Microcoelia caespitosa* (Rolfe) Summerh.

兰科

我曾在科特迪瓦阿比让的一个植物园里工作过，一种叫作“球距兰”的兰花攀附着园中的树，这种兰花在科特迪瓦特别常见。

球距兰不是寄生植物，而是远离土地，在其他植物的枝干上生长的附生植物。要想在树顶落脚，必需满足以下三个条件：一是种子要像灰尘一般细小，以便随风飘走；二是需要地衣和苔藓来保持附主植物枝干的湿润状态；三是要有真菌，因为没有哪株兰花可以离开真菌生存。球距兰既没有叶子，也没有茎，只有呈星状分布的根。在根的中间，开有漂亮的小白花。花有长距，呈透明状，含有一些花蜜。

离开土壤生长的植物无法获取水分，因此需要控制自身水分的流失。而叶片的蒸腾作用会导致植物脱水，所以附生植物的叶片总是很小很小。最极端的解决方案就是干脆不长一片叶子，比如球距兰。

然而，植物多多少少还是需要光合作用的，而光合作用离不开叶子。那么没有叶子的植物该如何做呢？球距兰选择将叶绿素放在根上，根部布有一张由死细胞组成的网，在缺水的情况下呈灰色。下雨之后，这张网里充满水分，叶绿素就会出现，根也就变成了绿色。这些死细胞还扮演着另一个重要角色——与真菌共生。

所以说，球距兰的生物特性其实很寻常，只不过是用根代替叶子罢了。实用主义者的生存策略不断地给我带来惊喜，想想看吧：我没有叶子，不要紧，我可以把叶绿素放在根上！

无叶的兰花数不胜数，在所有的热带森林里都可以见到它的身影。有一种来自新几内亚的无叶兰花，比我们刚刚提到的那种走得更远：它的根扁扁的，长得很像叶子，竟能贴在附主植物的枝干上！

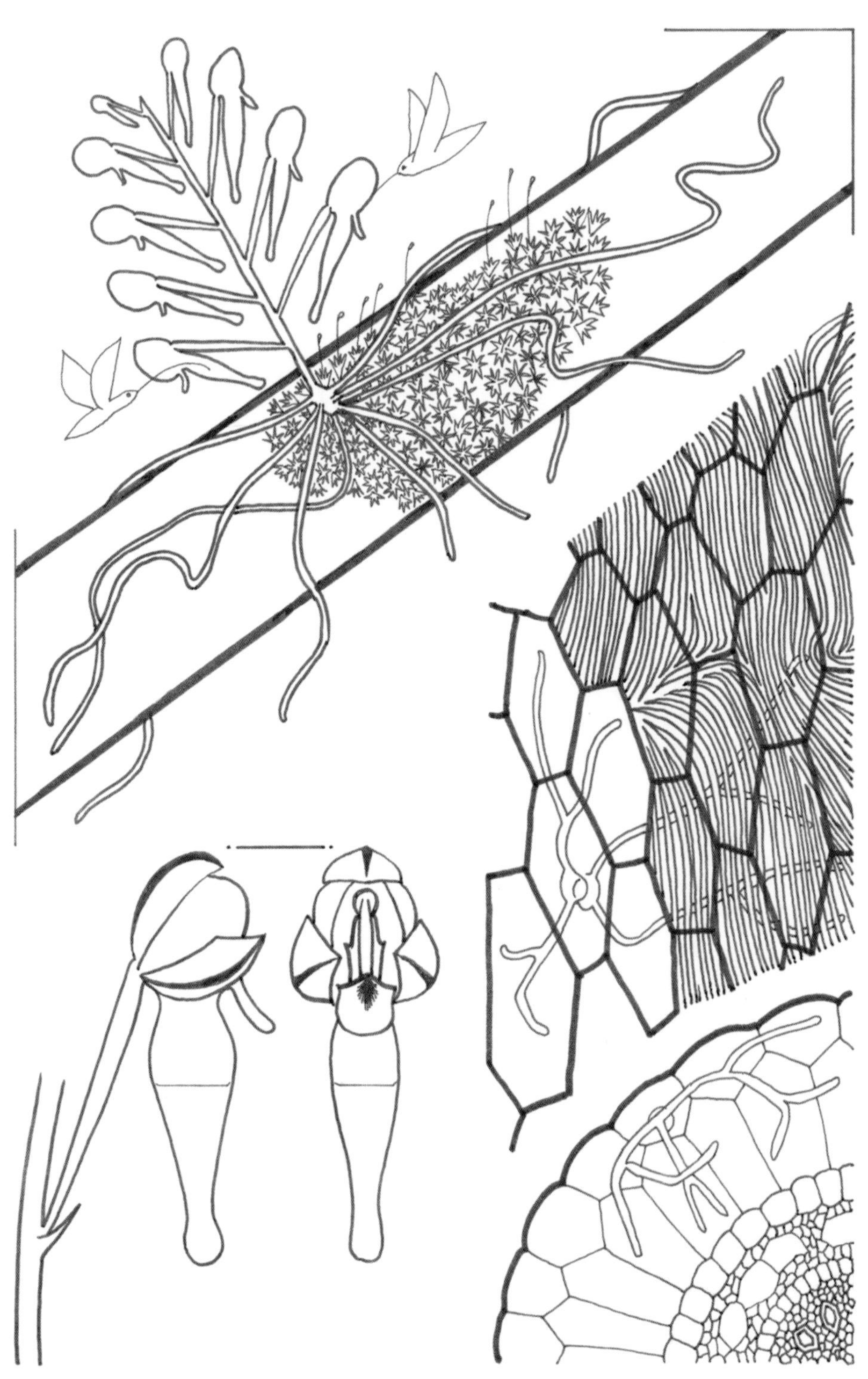

# 赤道地区的龙胆植物

## 鬼晶花属

*Voyria coerulea* Aublet

龙胆科

在圭亚那的森林里，土地被大片枯叶覆盖。有一两次，我在森林中行走了一整天，途中注意到了一种蓝色的龙胆，竟和阿尔卑斯牧场上的一样！要知道，在赤道森林的灌木层中，能穿过层层枝叶照向地面的阳光微乎其微。能在此处有如此动人的相遇，真叫人意想不到！而且，它闻起来很舒服。

在昏暗中生长，就不可能进行光合作用。鬼晶花属没有叶绿素，也没有叶子，不得不通过其他途径获取营养。这种龙胆植物通过根系，和地上的一种真菌共生；而这种真菌本身，又与其他树木的根共生。真菌从大树的根里汲取糖液，然后将一部分传送给龙胆。也就是说，赤道地区的龙胆科植物其实是从树木那里获取养分的。

这是否是一场公平的来往呢？高大的树木突出于其他植物之上，形成了林冠，而鬼晶花属只好陷于巨木所带来的幽暗环境之中。为了在缺乏阳光的情况下生存，它必须去适应环境，想办法从这些大树的根部获取营养。

我们在非洲的赤道雨林中也发现了没有叶绿素的龙胆科植物，它和鬼晶花属的生存方式如出一辙。当然了，阿尔卑斯地区阳光充沛，那里的龙胆科植物不用担忧阳光问题，它们和其他植物一样拥有绿色的叶片。

热带雨林的魅力，特别体现在生物生存方式的多样性上。面对威胁生存的限制，比如阳光、水分或土壤的缺乏，植物会采取各种各样的应对策略。在这个问题上，仍需几代研究者去努力。

# 神秘的行为

# 无法摆脱叶片的树

## 珀琳桉

*Eucalyptus perriniana* F. Muell. ex Rodway

桃金娘科

别名：雪桉

珀琳桉来自澳大利亚，现有700多个品种。它是一种不起眼的灌木，生长在寒冷的山区，也被称为“雪桉”。

珀琳桉的叶子呈圆形，很嫩，相对而生，两片连成一对。叶子在死亡之后不会掉落，而是顺着茎滑落到底端，叠成一个保护套。随后，小小的圆叶开始腐烂，但是要比掉在地上的慢得多。

人们在欧洲的花园里看到珀琳桉的时候，不禁想要打趣这种无法摆脱叶片的树。但是如果我们设身处地为珀琳桉想想，就会明白，在它原生地的气候条件下，这个由死叶形成的保护套可以帮助它免受风雪严寒侵害。

第一次见到珀琳桉的人，还不了解它的习性，可能会觉得这种无法摆脱死叶的树很是怪异。不过，珀琳桉的原生地是寒冷的雪山，这正是它的生存妙计！

# 寄生月桂

## 无根藤

*Cassytha filiformis* L.

樟科

别名：伪菟丝子、金丝藤

无根藤是草本植物，属于大家都很熟悉的樟科月桂属，但是它有一些特别之处，给生物学家带来了不少困扰。在法国南部，有一种叶片可用于调味的月桂树。不过，月桂属的植物遍布全球，尤其是在热带地区。这些月桂树不大，以漂亮的白色叶子为衬，开有绿色的小花。月桂属植物的生物学特性很寻常，无根藤却拒绝平庸，和同属的其他植物没有任何相似之处。

1730 年，林奈将这种淡黄色的丝状藤命名为“*Cassytha filiformis*”。无根藤会攀上它的邻居，特别是树木。作为寄生植物，它利用攀缘茎穿透宿主的表层，然后伸进导管，从中汲取汁液、养分和水分。无根藤对宿主并不挑剔，从低矮的灌木到高大的果树，都是它的潜在对象。无根藤甚至可以同时寄生在 12 棵树上，覆盖宿主且完全不和地面接触。我曾在泰国见过一棵被无根藤攀附的芒果树，它像是戴了一顶巨大的黄色假发。无根藤利用它的细丝逐渐吞噬宿主，是名副其实的“寄生虫”！

无根藤为什么要选择寄生，而不是正常的光合作用呢？为什么不像其他的月桂属植物那样生存呢？其实，在每个植物家族中，都有一个“边缘人”，一个与众不同的特例。不过，尽管无根藤的外形有别于其他同属植物，它仍拥有符合月桂属特征的雄蕊和花粉，毫无疑问它是月桂属的成员。无根藤的种子发芽后，先生出的幼苗是典型的月桂属植物。但当它找到一棵临近的植物并且想要攀缘之后，一切都不一样了。此时，无根藤虽然仍是月桂属，但已脱离了常规。最终它会舍弃所有的光合作用，彻底成为寄生植物。

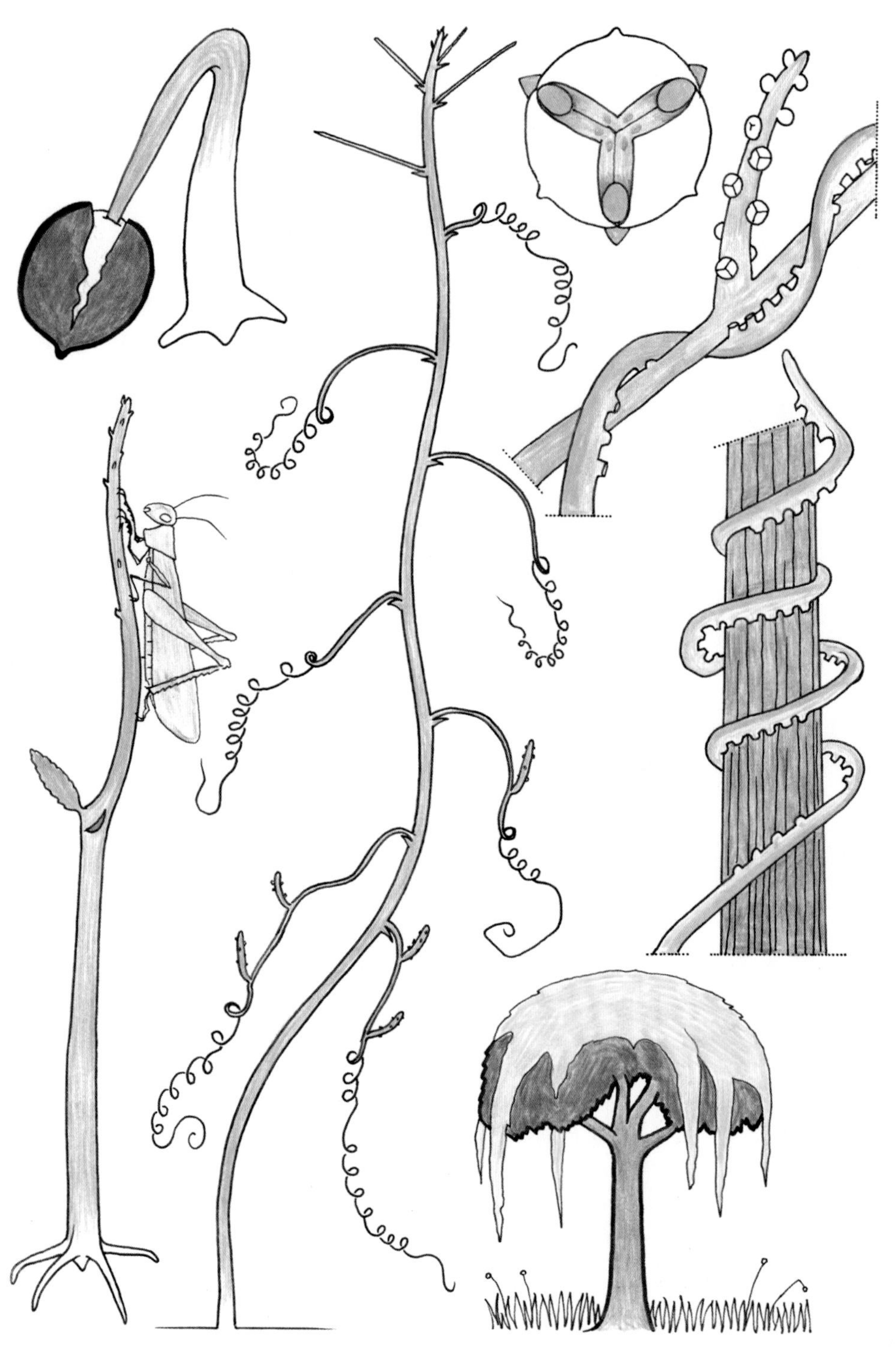

# 植物界的“变色龙”

## 避役藤属

*Boquila trifoliolata* (DC.) Decne

木通科

这是一种攀缘藤本植物。它不像葡萄或香豌豆那样利用卷须进行攀缘，而是像紫藤或牵牛花那样，盘旋、缠绕在支撑树木上。避役藤顺着树木向上攀爬，为了抵御食草昆虫，采用了一种很独特的生存策略，那就是模仿被攀缘树木的叶子。它保存了自身的 3 片小叶，但是其大小、形状、颜色、生长方向，甚至是叶脉的纹路，完全和支撑树木的叶子一致，以便完美地融于其中。如果在它的生长过程中更换支撑树木，而新支撑树木的叶子更大一些，它就会据此长出更大的新叶。也就是说，避役藤在同一根茎上，可以长出完全不同的叶子。总之，不论是叶片表面积的大小，还是叶柄的长短，避役藤都可以改变；叶片的颜色从深沉的黄绿色到浅绿色它都能调整；种子既可以是暗沉的，也可以是有光泽的；而且每片小叶都能够长出尖突。它是植物界货真价实的“变色龙”！

避役藤还会竭力模仿锯齿状的叶片，但它在这方面不是很有天赋。

这种模仿行为是抵御食草昆虫（比如象虫、蜗牛和叶甲虫）的绝佳战略。智利的研究者对比了避役藤的两种叶子，一种是幼时匍匐在地上、还在森林中寻找支撑物的叶子，另一种是已经攀附在树枝上、变了形的叶片。研究者发现，当避役藤还在地上的时候，叶片总会被吃掉，而在乔装之后，却能逃过捕食者。

我还没亲眼见过这种植物，只在一篇 2014 年发表于《当代生物学》杂志的文章[1]中读到过。许多生物学家都跟我一样对它非常感兴趣，期待能有机会亲自观察、研究避役藤。

避役藤的惊人之处在于什么呢？首先，拟态通常发生在动物身上，在植物界很少见。欧洲有一例极美的植物拟态：蜂兰属（*Ophrys*）兰花的唇瓣很大，会模仿雌蜂的样态，吸引雄蜂前来交配，以此完成授粉。

另外，避役藤何以能够了解支撑树木的叶子的外形，并模仿它呢？有两种猜测，但我都不是很满意。有研究人员认为，避役藤可以接收到支撑树木自动发出的化学或生物信号。这一信号可能是某种挥发性的有机化合物，活化了特定的基因，进而改变了正在生长的嫩叶的外观。第二种猜测基于“水平基因转移（Le transfert horizontal）”理论。这个词汇听起来平平无奇，实际上却暗含着一场真正的基因学革命。通常情况下，两种生物会通过性来交换基因，这是存在于动物界的唯一方式。但是植物界却提供了另一种可能，那就是基因的水平转移。两种植物，比如说柏树和葱，它们没有任何亲缘关系，却能通过与性无关的方式交换基因。如果一只食草动物啃食了柏树叶，随后又啃食了葱，那么在这一过程中，两种植物的脱氧核糖核酸（DNA）就会被混合。由此，杂交后的植物会变得相似：不是这一种植物模仿另一种植物，就是变成两种植物的中间状态。但是在避役藤的案例中，我们没有找到可能会作为中介的动物。

两种植物，比如说柏树和葱，它们没有任何亲缘关系，却能通过与性无关的方式交换基因。

1 Gianoli E, Carrasco-Urra F., “Leaf mimicry in a climbing plant protects against herbivory”, *Current Biology*, 5 mai 2014.

避役藤浑身是谜。关于它，我们所知甚少，仅能勉强解释它独特的生存策略。根据正式的植物学分类，避役藤属于木通科，而木通科包含了最为原始的开花植物中的基部被子植物（angiospermes basale）。避役藤现在的双子叶植物（Dicotylédones）与单子叶植物（Monocotylédones）相比，更为古老，但是却拥有极为智慧的自保手段。这使我感到很欣慰。

避役藤展示了植物间新颖且独特的信息交换方式。我希望有一天能把它引进欧洲的植物园。

# 会“跳舞”的植物

## 舞草

*Codariocalyx motorius* (Houtt.) Ohashi

豆科 蝶形花亚科

我第一次去中国是在 1989 年，蒙彼利埃的法国国际农业发展研究中心（CIRAD）要我去评估西双版纳热带植物园。该植物园位于中国西南部，紧挨着老挝。西双版纳热带植物园在 20 世纪 50 年代就建成了，但是还没有欧洲人去过那里。

我在一个星期天的早上到达了西双版纳热带植物园。我一到，向导陈金（音译）就问我：“您见过会跳舞的植物吗?”他把我带到了一些花盆旁边，里面种着其貌不扬的小灌木。它的叶片呈灰色，和四季豆的很像。尽管开有可爱的粉色花朵，这些植物的外表还是太普通、太平庸了，一点都不起眼。很多当地人坐在花盆周围，拍手、叫喊。向导对我解释，这样做是为了让植物起舞。确实如此，一有声音，它每个叶片上侧生的两个小叶就会动起来。

“您能唱一首法语歌试试吗?”有位中国人对我说。于是我唱了一首《布列塔尼水手之歌》，结果真的行！植物舞动了起来，观者也都很高兴。

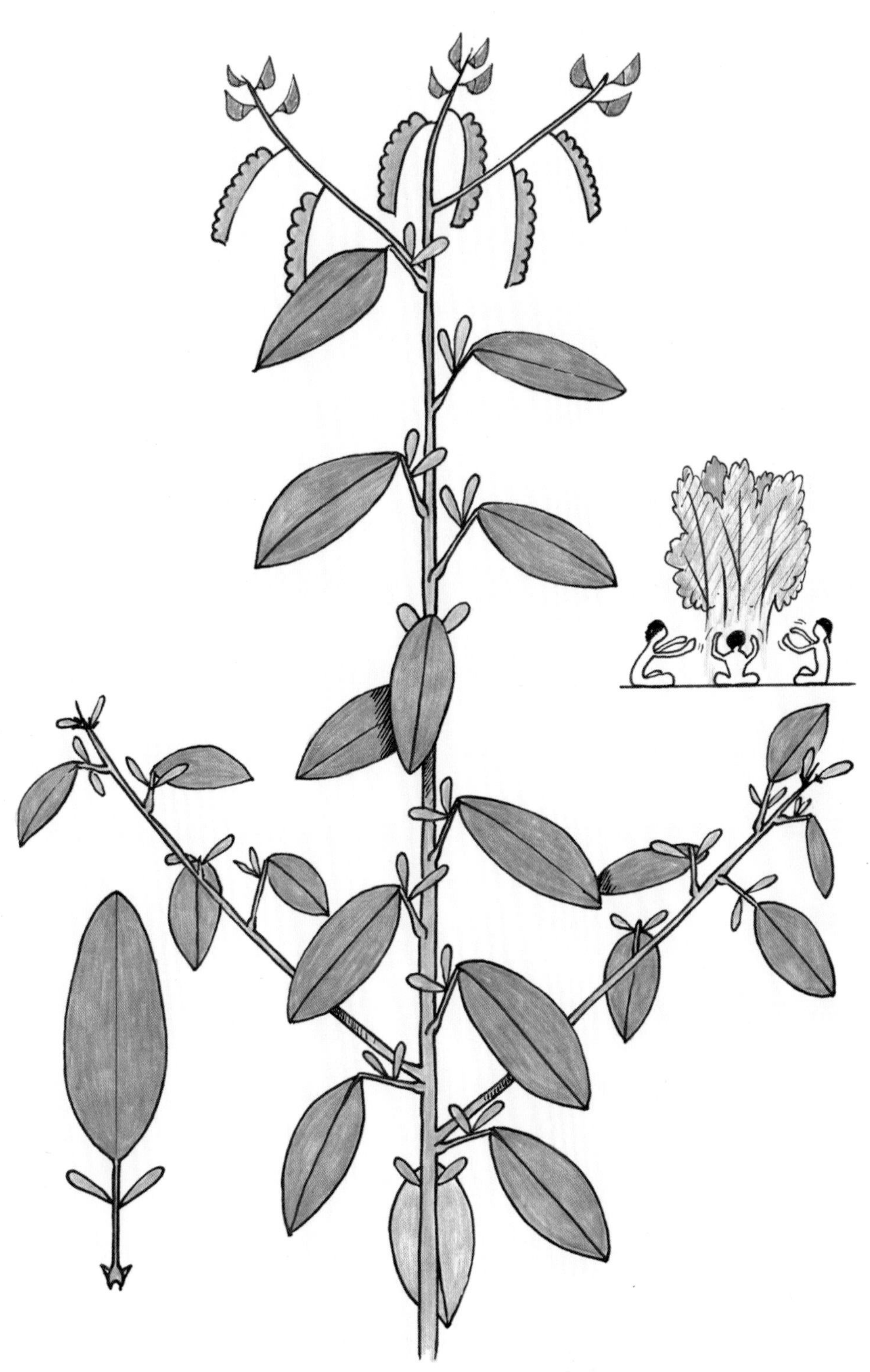

我去云南之前，某位对中国了解不深的研究中心工作人员嘱咐我："小心点，他们会怀疑你要偷他们的种子。"但是，我实在是太想要舞草的种子了。这种会跳舞的植物结了许多灰色的荚果，和四季豆很像。我颇为不好意思地询问园方，可否允许我带走一些舞草的种子。听了这话，他们很爽快地起身给我找了个大袋子，帮我收集种子。

我将这些种子带回了法国，它的第一个种植地是圣让卡普费拉的雪松植物园，舞草在温室里茁壮成长。法国的科研团队想知道，舞草的"舞动"会不会是由鼓掌和唱歌引起的气流造成的。于是他们在舞草旁边放置了一个半导体收音机，可舞草仍然动了起来！

在舞草身上我们了解到，植物也可以表现出动物的特征，甚至是与人相似的特征。这使我们更加为之着迷。

雪松植物园的温室里种满了食肉植物。而舞草这种随声而动的能力对它来说有什么用呢？我们还没找到答案。我总觉得，在捕食者面前，植物应该更倾向于不被察觉，而不是摆动起来。

如果在 6 个月内任由舞草生长而不给它任何声音，那么再想让它起舞的话，舞草就只能缓慢地微微摆动。但是如果人们每天都"训练"舞草，它就会不断进步，跳得越来越好，就像把杆上的芭蕾舞者一样。看来，这种植物需要"训练"，它的"舞动"必须基于一种记忆。

从 1989 年我去过中国之后，人们对舞草的认识不断增加。有研究者发现了一个有趣且惊人的现象：如果在 6 个月内任由舞草生长而不给它任何声音，那么再想让它起舞的话，舞草就只能缓慢地微微摆动。但是如果人们每天都“训练”舞草，它就会不断进步，跳得越来越好，就像把杆上的芭蕾舞者一样。看来，这种植物需要“训练”，它的“舞动”必须基于一种记忆。

我们尚不能参透舞草的神秘行为，它为什么要“舞动”，又是如何“舞动”的呢？这个机制十分复杂，涉及到植物对声波的感受，不会是毫无理由的存在。但是我们还在寻找答案。其实，舞草早就被发现了。1882 年，达尔文的著作《植物的运动本领》（*The Power of Movement in Plants*）在法国出版，他用溢美的笔调描述了舞草——原来达尔文在那时就知道了会动的植物的存在！人们常常认为科学是积累的过程，然而遗憾的是，前人研究，后人遗忘。我有些难过，因为这种事在植物研究的过程中时常发生。

关于舞草有一个很重要的结论：用不着耳朵也能感知声音。

# 会走路的植物

## 红茄苳

*Rhizophora mucronata* Lam.

红树科

别名：红树（Palétuvier）

在海陆之间，红树林是最简单，也是最知名的热带树林。很少有树种可以像它这样应对海水和潮汐的挑战。成千上万棵红树呈浅灰色，以支柱根为基底，扎在淤泥中，是热带生物海岸的标志性景观。它的树干和树枝盘根错节，向上生长。红树每天都浸在海水中，所以对它来说没有旱季，其生长周期不遵循任何季节性规律。红树生长在柔软不定、缺少氧气的土壤中，涨潮时还容易被海水淹没。为了生存，它采取了巧妙的应对策略，叶子可以降低盐分，露在外面的根可以进行呼吸活动。

红树林中包含两种类型的红树。第一种红树是由种子长成，树干拔地而起，不会“走动”。第二种红树的树干，是从低处的枝杈发展而来的，水平向下生长。正是这第二种红树，会走路！要想弄清楚这件事，就得好好从种子的发芽到长成一棵小树回顾一下红树的成长史。红树幼苗在长大之后，就会长出支柱根，既能保证呼吸，又能使它立定于淤泥之中。可以说，红树是长在桩基上的树。随着红树不断长大，树枝上生出了越来越多向下发展的支柱根。到了一定时间，树枝会自行折断，因为它们不再从树干中汲取养分，而是从自身长出的支柱根中获取营养。

成千上万棵红树呈浅灰色，以支柱根为基底，扎在淤泥中，是热带生物海岸的标志性景观。

既然如此，树枝也就不再需要原先的树干了。这就是营养生殖中的压条法。最令人惊奇的是，树枝一旦离开树干，就会“走路”！每年的航拍照片显示，这些树枝在一年之内可以走4—5米。低处的树枝永远在移动，走向大海。当它的根触不到淤泥之后，换句话说，当它不再有“脚”之后，才会停下不动。

红树真的在走吗？我走路的时候，实质的肉身进行了移动。但是红树却不是这样的，只是它的生长方式给了人们这样的错觉。这边的枝干坏死、消失，它又能在另一边生出新的枝干。其实，红树的移动只是它每年 4—5 米的生长罢了。

红树林通常可以长成非常茂密的两栖森林，是海陆之间的天然屏障。红树林能够削弱海啸的风浪，在常常遭受飓风、龙卷风袭击的热带国家里有大用。它还可以帮助海岸抵御海浪的侵蚀，并且会过滤污染物，如海水中的重金属等。就像地球上所有的树木那样，它还能够吸收二氧化碳。另外，对于重要的海洋生物而言，红树林是其庇护所。

有些国家的居民为了获取单宁（Tanin）或薪柴，破坏了红树林，现在懊悔不已。好在红树的种植技术已经很成熟了，而且它的生长速度很快。

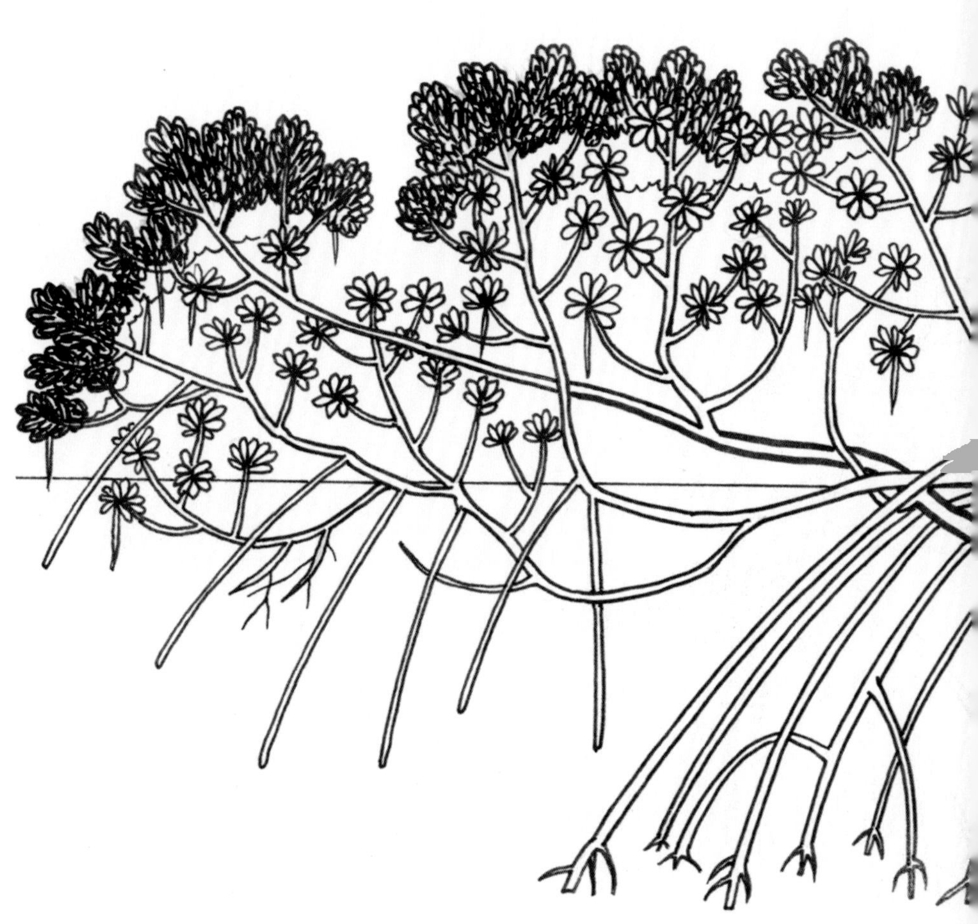

# 西班牙苔藓

## 松萝凤梨

*Tillandsia usneoides (L.)* L.

凤梨科

别名：老人须、西班牙苔藓

松萝凤梨有点奇怪，我们分不清它的叶子和茎，只能看到一团浅灰色、错综复杂的丝状组织。这些丝状组织柔软且无限分杈，布满纤细的鳞叶。它们整个挂在树枝上，像老人的长胡子。松萝凤梨是附生植物，生活在直射的阳光下或半明半暗处，且紧贴树枝。另外，只有在空气湿润的地方，它才能茂盛生长。松萝凤梨的行为实在出人意料，不下雨的时候，它是灰色的，下雨的时候，就会变成绿色。

松萝凤梨没有根，以植物茎叶中流动的水分为养料。松萝凤梨的鳞叶也会吸收风带来的灰尘，其中有水分和矿物质。虽然没有根，但松萝凤梨还是会开出细小却耀眼的浅绿色花朵。

松萝凤梨长得很快，繁殖迅速，最终能够覆盖附主树木。它是小鸟筑巢的材料之一：在松萝凤梨大肆生长的树上，小鸟会衔一段松萝凤梨，然后放置在附近的其他树上。如果不下雨，松萝凤梨就会切换至缓慢生长的模式，这种能力相当了不起。就像苔藓一样，松萝凤梨完全变成灰色，减缓新陈代谢，等待雨水的到来。在下雨之后，它变回绿色，并重新开始生长。缓慢的生长速度意味着极为微弱的呼吸，很少有植物能做到这一点。我们甚至可以切下一段松萝凤梨，放进抽屉，几个月不管它。当我们再次把它取出来放到阳光下，并为它浇水，松萝凤梨就会恢复生长。不过，若是超过 6 个月不去管它，这段松萝凤梨绝对会死亡。

松萝凤梨又漂亮，又有趣，在拉丁美洲非常受欢迎。松萝凤梨巨大的丝状绒絮材质柔软且干燥，可用于填充被套、床垫和枕头，也可以用来制作圣诞节的基督诞生马槽。早在 20 世纪初的密歇根州底特律市，松萝凤梨就已在工业界赢得了相当的声誉。著名的福特 T 型车的座椅，就是用松萝凤梨填充的。

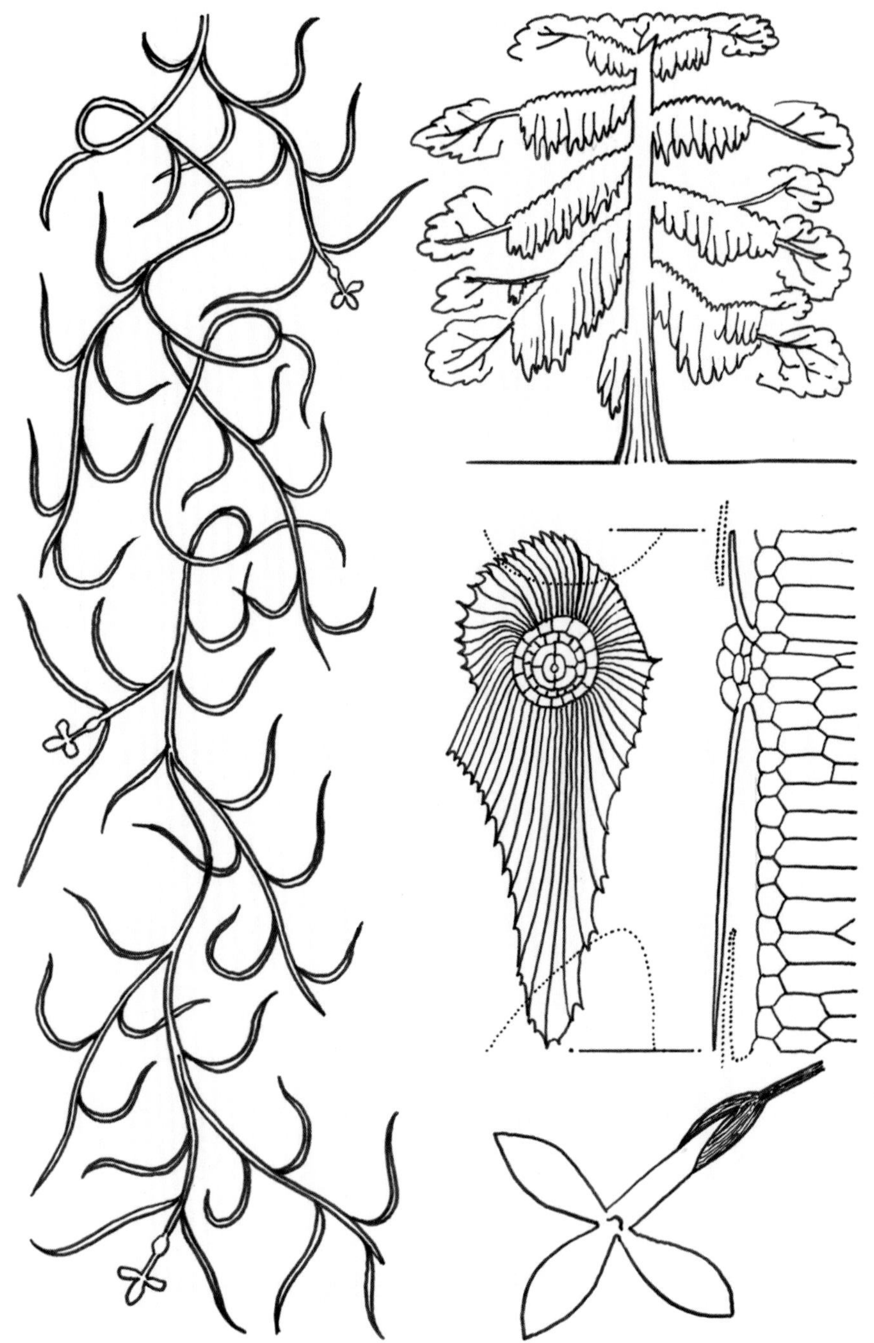

# 偶尔开荤

## 盾籽穗叶藤

*Triphyophyllum peltatum* (Hutch. & Dalz.)

双钩叶科

这种植物很少见，您得在森林里走上几千米才有机会遇到它。人们有时把它归为热带食肉植物。我还在阿比让植物园工作的时候，曾把蚊帐当作温室，种过盾籽穗叶藤。它刚开始生长的时候，长出的叶子很普通。但是当它长到40厘米高之后，却长出了很像欧洲食肉植物茅膏菜（*Drosera*）的叶子。也就是说，它的叶片缩小，中脉被腺毛覆盖，还会分泌出被昆虫视为甘露的红色胶状物质。猎物一碰到欧洲的茅膏菜，就会被黏住，随后被消化殆尽。

我以为盾籽穗叶藤也是一样的，就把苍蝇放在叶子上，可它却没有消化这只苍蝇。食肉植物往往生长在贫瘠的土壤中，缺乏氮气，只能从仅有的资源——也就是动物蛋白质中寻找氮气。

可当时，我把它种在了温室里，那里的土壤富含氮气，植物也就用不着捕食昆虫了。所以我们猜测，盾籽穗叶藤只有在缺少氮气时才会捕食昆虫。盾籽穗叶藤既可以长出分泌黏液的叶子，也可以交替长出正常的叶片，但这并不是什么常态化的行为，只是植物的偶尔开荤罢了。

盾籽穗叶藤的生命还蕴藏着另一份惊喜：当它长到50厘米高的时候，会变成藤，开始攀爬。如此一来，它就有了第三种叶子。这种叶子伸出两个顶端弯曲的小钩，挂在支撑树上，可以一直攀至大树树顶，并在那里开花。盾籽穗叶藤的花是白色或浅粉色的，不怎么起眼。它的果实很像悬在空中的小茶托，可以被风吹散。藤本植物之所以要一直攀缘到树冠，就是因为那里有风吹过。这种藤重复生长，每一个重复段的底端叶子上都有黏胶，符合奥尔德曼[1]模型（Modèle de Oldeman）。在法国，葡萄藤蔓也重复生长。就比如这棵闯进我办公室的紫藤，我得时不时地给它剪剪枝，让它“冷静”一下，不然它就会大肆侵占我的桌子、我的灯，还有我的书！

1 鲁洛夫·奥尔德曼（Roelof Oldeman），荷兰植物学家，植物学教授。——译者注

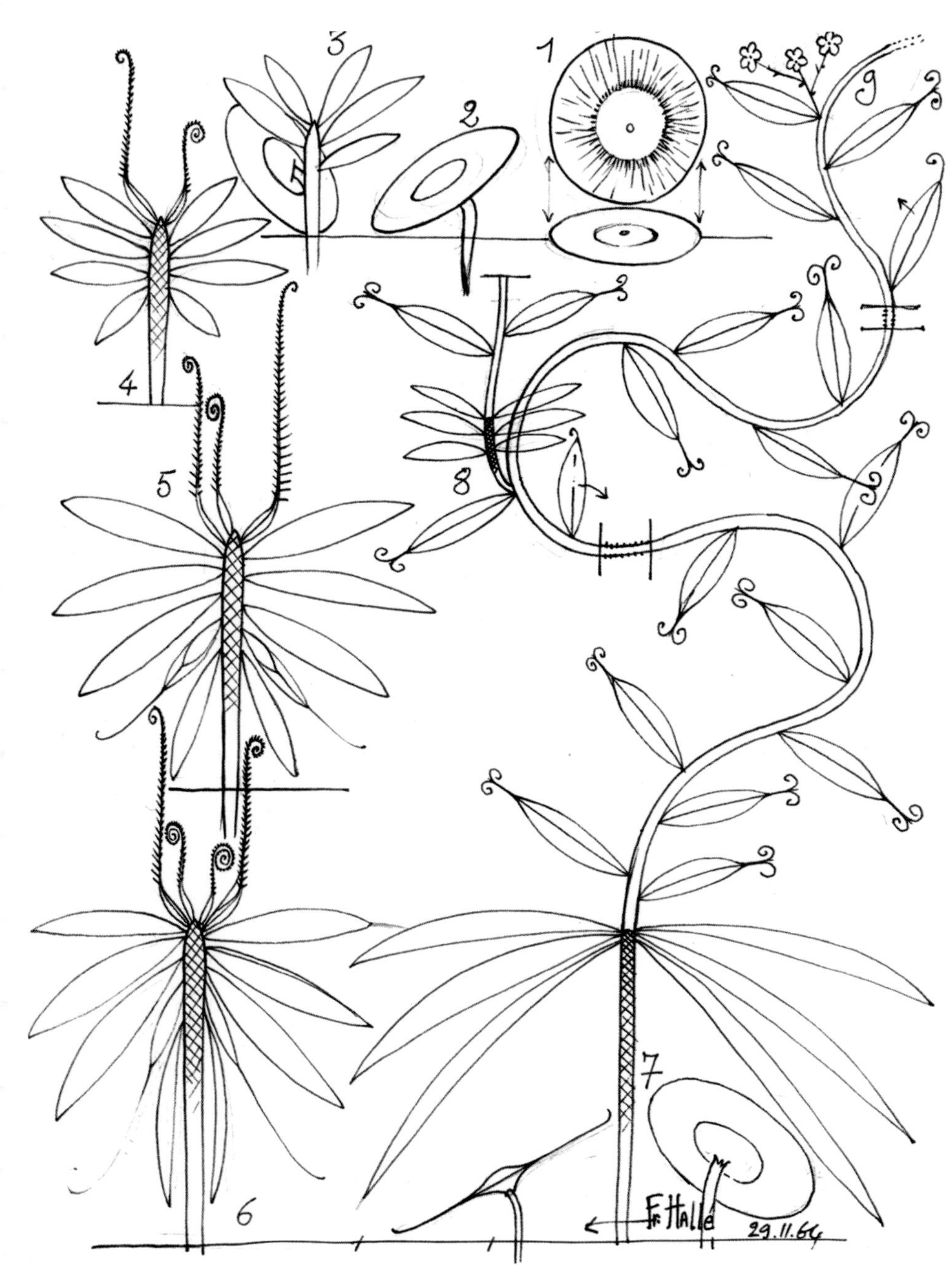

1
2
3
4
5
6
7
8
9
F. Hallé
29.11.64

# 协同进化

# 藤与蜂鸟

## 伞花蜜囊

*Marcgravia umbellata* L.

蜜囊花科

人们可以很轻松地在美洲的热带森林中找到伞花蜜囊。我第一次见到它是在瓜德罗普的森林里，这种藤在苏弗里耶尔火山的山坡上到处都是。

幼时，伞花蜜囊匍匐在地上，寻找支撑树。等到了树干底部，它就利用具有黏性的根向上攀爬。爬到 3 米高的时候，伞花蜜囊就会分杈，从侧面伸出分枝，水平生长，并离开树干，长出和幼时不同的叶片来。它的茎悬在空中，顶端开出引人注目的花朵，呈圆形花序，花下有装满花蜜的小罐。

在树的根部，主茎渐渐长大，最终从支撑树的树干上分离出来，通过生殖根进行繁殖。也就是说，这些特殊的茎没有功能叶，从伞花蜜囊的底部生出，并横向生长。之后，它会因自身的重量而倒下，随后在地上生根，重新寻找支撑树来攀爬。伞花蜜囊能够侵占周围的十来棵树。

蜂鸟会到伞花蜜囊的“小罐子”里饮花蜜，晚上蝙蝠也会来。生态学家表示，伞花蜜囊有一种吸引蝙蝠注意的特殊策略。它的蜜囊会发出强烈的多方位声波，向翼手目授粉者传递信号，从而在周围的一众植物中脱颖而出。

伞花蜜囊的果实非常漂亮，棕色的外壳在成熟之后就会打开，可以看到里面有红色的胎座，带有黑色的种子，是鸟类和猴子的美餐。它的匍匐茎和花序轴悬在空中，生长方式似乎很有异国情调。但其实，欧洲的常春藤也是这样生长的。

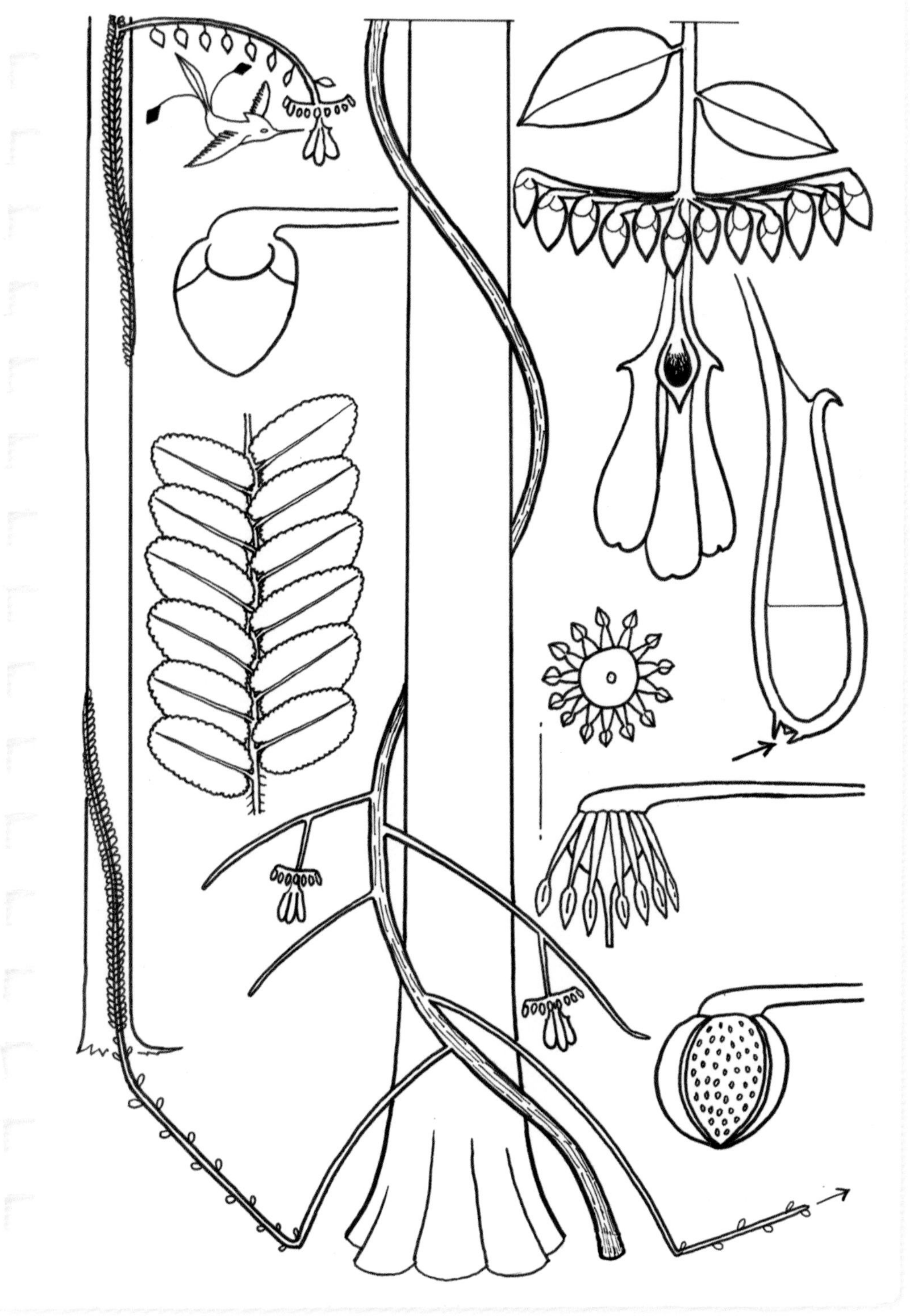

# 用于惩罚通奸的树

## 苞树莲属

*Barteria fistulosa* Mast.

西番莲科

这种小树生长在道路旁边、森林的边缘和空隙处，在加蓬很常见，也相当令人恐惧。它的树干向上生长，树枝水平伸展，没什么特别的规律。不过，和所有的西番莲科植物一样，它会开出很美的白色花朵。苞树莲的树枝中空，呈圆柱形，里面住着无数只细长蚁属（*Tetraponera*）的蚂蚁。这些蚂蚁块头很大，扁扁的，非常好斗。被它们咬伤之后会有强烈的刺痛感，伤口会令人昏厥，甚至死亡，十分危险。蚂蚁的威胁太大了，连猴子都对其敬而远之。由于大家都很怕这种小树，所以很难找到愿意前去砍树的人。但是从苞树莲的角度来看，这种共生为它带来了难以衡量的好处。蚂蚁在其中扮演着保镖的角色，为苞树莲击退捕食者。任何想要接触这种树的生物，都会立即遭到蚂蚁的“拳打棒击”。若是在几米之外的地方有人想要靠近这棵树，蚂蚁就会从树枝上下来，进入攻击状态。作为称职保镖的酬劳，蚂蚁可以享用苞树莲的花蜜，还可以将中空的枝干当作庇护所。

当地人很早就了解到了这种蚂蚁对人类的强烈敌意。旧时，在加蓬和喀麦隆，人们会用苞树莲来惩罚通奸的女人。只需将犯错的女性绑在树干上，就可以激怒蚂蚁，而蚂蚁的叮咬会令她剧痛。但我从来没听说过有与此相当的、针对男性的酷刑。

# 天作之合

## 号角树

*Cecropia peltata* L.

荨麻科

别名：聚蚁树、大炮树

这种树有支柱根，属于荨麻科，但是碰到它却不会有刺痛感。这是因为它已失去了刺痛他者的能力，还是它本身就不具备这种能力呢？总之，面对天敌，这种树没有还击之力。为了弥补这一缺陷，它的策略是与好战的阿兹特克蚁共生。荨麻的刺痛可远不如阿兹特克蚁的叮咬！

刚开始，号角树会在没有共生者的情况下生长几个月。随后，它会在叶片的底部伪造蚂蚁卵。它可以完美地模仿蚂蚁卵的形状、重量，以及生物和化学性质，这对阿兹特克蚁来说有难以抵挡的吸引力。为了收集伪造卵，它们会奔向号角树。而号角树的树干和树枝都是空心的，只需要咬几口就能轻松进入。很快地，蚁后在这里安家，并产下真正的蚂蚁卵。

这一共生关系，是动植物间协同进化的巅峰之作：蚂蚁找到庇护所，树找到保卫者。如果有捕食者试图吃掉号角树的叶子，那么成千上万只好斗的蚂蚁会出面将它赶走。这样一来，若是有蝴蝶在这里产卵，蚂蚁就会把生出的毛毛虫赶到地上。至于想要采样的植物学家，阿兹特克蚁则会毫不留情地叮咬。有时，在还没长大的号角树上，我们会看到部分叶子有洞，这意味着它没能找到忠实的“卫兵”，也就活不长了。但是奇怪之处在于，阿兹特克蚁对树懒很宽容。难道是因为树懒全身被硬质的毛发所覆盖，敌人没有可乘之机吗？树懒是生活在南美洲森林里的大型树栖哺乳动物，唯有它可以安心享用号角树的叶子。

有时，我们可以看到号角树里的蚂蚁窝。那个景象十分吓人，阿兹特克蚁对此倒很坦然。这些小而无害的蚂蚁，啃咬树木，将它制成类似于箱子的结构，以便建造蚁巢。在这个植物箱子中，蚂蚁允许一些种子自由发芽，好像在营造它们的“蚂蚁花园”。

那么，这类植物——永远是固定的那些植物——对小蚂蚁而言有什么用呢？这个问题很难就蚂蚁来讨论，但是我们可以从植物的角度来理解。比如说，天南星科的植物有巨大的叶子，在热带地区的雨天里，它就是为蚁穴遮风挡雨的大伞；另一些植物的网状根系可以加固蚁穴的内壁；还有一些植物会为蚂蚁提供自身的果实作为食物。尽管如此，这些蚁穴也维持不了多长时间，但是其中的“蚂蚁花园”会一直存在，在号角树的高高的树枝上蓬勃生长。

蝙蝠很喜欢号角树的果实，它会在飞行中取食。食物通过蝙蝠消化道的时间只有短短几分钟，所以当它还在飞行的时候，就会有排便的行为。于是，树木经常遭到蝙蝠的“粪便轰炸”，而号角树的种子就裹挟在其中。另外，号角树也因其种子数量之多而闻名。我们在地上能找到好多，估计每平方米就有 20 颗左右。

虽然这些种子会发芽，但是数量太多了，不可能每颗都长成大树。从人类的角度来看，我们目睹的是植物残忍的、毫无道德可言的自我甄选。但是有些生命的基因就是优于其他生命，这在所有物种里都是一样的。有些植物生长得更快，堵截了落后者的根系。于是，那些基因较差的植物在地面就死去了。不过它们的根仍活着，还在储存水分，但这完全是为他人做嫁衣裳。最终，弱小植物所储存的水分，会被更为强大的植物吸收。每一代最弱小的幼苗都会被淘汰，最为强大的植物得以成长起来，然后又是新一轮的优胜劣汰。这下可以理解为什么号角树如此茁壮、繁茂了吧？

# 空中水族馆

## 星花凤梨

*Guzmania lingulata* (L.) Mez

凤梨科

“空中水族馆”是美洲热带雨林里的一大奇观。在森林中每一棵大树的树冠上，都生长着这些附生植物，它们享受着充足的光照。人站在地上，很难望见星花凤梨的身影，更无从想象那里面发生着什么。星花凤梨的种子多如牛毛，细如尘埃，借助风的力量在树枝上安家。

星花凤梨的叶子直立生长，紧紧地挨在一起，形成了一个密封的容器，可以储存雨水。它就像是雨量器，不过在热带雨林中，没有连续 3 天不下雨的时候。星花凤梨在风暴之后蓄满雨水，最多可容纳 20 升。不过，在阳光明媚的天气里，水很快就会蒸发掉。多亏了雨林丰沛的降水，这种附生植物才能在远离土地的情况下也获取大量的水分。

“空中水族馆”沐浴在阳光下，它的内部发展出了一个完整的生态系统，里面生活着青蛙、软体动物、虾、昆虫的幼虫，甚至是只生活在这些凤梨科植物中的螃蟹，还有一种水生的食肉植物大肾叶狸藻（*Utricularia reniformis*）。在星花凤梨的底部，枯叶形成的腐殖质中生活着另外一些动物：蝎子、蜈蚣、蟑螂、白蚁，还有盲蛇。

关于星花凤梨还有一个未解之谜。有人认为，它在开花之后，就会变得具有食肉性。也就是说，星花凤梨为了给它的花序让出“水族馆”底部的位置，会杀死其他动物。如果真是这样的话，那么星花凤梨就是第一个肉食性的单子叶植物了。我对此仍存有疑虑。要想抓住问题的核心，就必须在欧洲的温室中好好研究这种植物，在它开花时分析水的生物、化学性质。要是在此过程中发现了消化酶，那就说明星花凤梨真的变成了食肉植物。但是星花凤梨生长在高高的树冠，研究起来很有难度。

这种“空中水族馆”告诉我们，林冠才是热带地区最为特别的栖息地！我们才刚刚开始探索那里的生态及生物多样性状况。

# 树鼩的粪与氮气

劳氏猪笼草

*Nepenthes lowii* Hook. f.

猪笼草科

猪笼草是食肉性的藤本植物。据观察，有一些猪笼草可以通过自身的捕获系统获取养分。还有一些品种，会和昆虫或小型啮齿动物建立起特殊的关系，从而获取营养。

1658 年，法国在马达加斯加的殖民总督艾蒂安·德弗拉古（Étienne de Flacourt）首次观察到猪笼草。他这样描述这种奇怪的植物："在它的叶子末端，有花瓶状的花朵或果实。"[1]

1737 年，林奈将这种热带植物命名为"猪笼草（*Nepenthes*）"。这个名字出自《奥德赛》，在故事中，海伦为了让宾客们放松警惕，将一种叫作"Nepenthe"的忘忧药倒进葡萄酒中。林奈在给猪笼草命名时，还不确定它的食肉性。当时，他认为猪笼草的笼内只装有雨水罢了。直到 1874 年，达尔文和担任邱园皇家植物园园长的约瑟夫·胡克（Joseph Hooker）在《园丁纪事》上公布了他们的实验，证实了猪笼草的食肉性。

猪笼草生长在坡路或山顶上，那里的土壤往往缺乏氮气，然而氮气在猪笼草的生长过程中不可或缺。获取氮气最简单的办法就是食用动物，所以猪笼草必须得想办法给昆虫设下陷阱。

在猪笼草每片叶子的末端，也就是在长长的笼蔓顶端，有一个大捕笼。一开始，捕笼是被笼盖盖住的。后来，笼盖打开，捕笼变成了光滑而致命的陷阱，笼底的腺会分泌具有消化功能的胃液。捕笼里满是虫子的尸体，有蚂蚁、蜘蛛、苍蝇、黄蜂等。这些昆虫被笼口鲜艳的红色所吸引，滑落并跌进猪笼草的消化液中，很快就被消化殆尽。

1 *Histoire de la grande isle Madagascar.*

在马来西亚海拔 2000 多米的高山上，劳氏猪笼草[1]有着另外的捕食方式。它的捕笼像是一个马桶，有结实的花梗和垂直且大大敞开的笼盖。这么一来，劳氏猪笼草的开口也就比其他猪笼草的大得多，我们可以在它内部的消化液中看到动物的粪便。笼盖上的小腺体会分泌油脂，那是山地树鼩（*Tupaia montana*）的美餐。有趣的一幕来了：当贪吃的山地树鼩坐下来饱餐一顿的时候，它把鼻子顶在笼盖上，一边吃，一边排便。正是在这一过程中，山地树鼩为植物提供了生长所需的氮气。海拔越高，昆虫就越少，所以劳氏猪笼草才需要想办法从小动物身上获取氮气。

这种模式经历了怎样的发展与演变？植物如何改变获取氮气的方式？对此，我们还不清楚。这些复杂而又充满了智慧的案例提醒着我们，人类对植物了解的还是太少了！

1 Charles M. Clarke et *al.*, Tree shrew lavatories: a novel nitrogen sequestration strategy in a tropical pitcher plant. *Biology letters*, 2009.

在猪笼草每片叶子的末端，在长长的笼蔓顶端有一个大捕笼。一开始，捕笼是被笼盖盖住的；后来，笼盖打开，捕笼变成了光滑而致命的陷阱，笼底的腺会分泌具有消化功能的胃液。捕笼里满是虫子的尸体，有蚂蚁、蜘蛛、苍蝇、黄蜂等。这些昆虫被笼口鲜艳的红色所吸引，滑落并跌进猪笼草的消化液中，很快就被消化殆尽。

# 这是植物还是蚁穴？

**刺蚁茜属**
*Myrmecodia*
茜草科
别名：魔鬼的睾丸

1999 年，我在阿兰 • 柯南（Alain Conan）的带领下，参加了潜水艇探险，基本上是沿着让 - 弗朗索瓦 • 德拉佩鲁兹的两艘舰船——“星盘号”（L' Astrolabe）和“罗盘号”（La Boussole）——的航迹走。1788 年，在新喀里多尼亚北部的所罗门群岛附近，拉佩鲁兹的船只在瓦尼科罗岛触礁失事。

我扮演着拉佩鲁兹身边的植物学家的角色。同行的拉马蒂尼埃是个 27 岁的年轻人，他的梦想是追随那些博物学家和航海家的伟大事业，比如朱西厄、图内福尔或普瓦夫尔。到了岛上，我主要负责采集植物。拉佩鲁兹在他的环球旅行中也采集了不少，只是后来船只失事，他什么也没落着。那次，他带上了一些欧洲植物的种子，想看看它们能否适应岛上的环境。那么，有哪些欧洲植物能够在瓦尼科罗岛长期生存下去？据我观察，没有。

在后人发现的探险队的箱子里，当然没有什么植物标本了，但有导航仪器、温度计、银质餐具和一些武器。武器属于拉佩鲁兹第二舰队的船长——弗勒里奥 • 德朗格勒（Fleuriot de Langle）。我画下了这些武器，然后寄给了船长的后人，一位住在伊埃雷的老太太。她非常感动，这是她第一次拿到与先人有关的遗物。

在瓦尼科罗岛上采集植物标本的时候，我发现了刺蚁茜属的植物。在这片沿海的森林中，它怪异的灰色块茎肆意地悬吊在树枝上。我问美拉尼西亚的向导这些植物叫什么，他回答说：“先生，恕我冒昧，这些是‘魔鬼的睾丸’！”

我曾经在一些热带植物学著作中读到过这种典型的茜草科植物。而且，欧洲的很多温室都有它的标本，比如南特植物园或布鲁塞尔植物园。这是一种附生植物，悬挂在树上生活。但它对附主树木毫无危害，并非寄生植物。

刺蚁茜不会在地面上发芽，却可以在数米之高的任何树木上生长。它的块茎看起来很像土豆，有相同的颜色、质感和味道。如果切开这个块茎，就会发现里面其实是一个蚁穴。小而无害的蚂蚁在厚厚的块茎里挖出隧道，来来往往。这些蚂蚁实在是太小了，无法承受海岛上的大雨。为了防止雨水漫灌，蚁穴的入口是朝下建造的。

蚁穴中的一些表层区域比较通风，那是蚂蚁产卵、养育幼虫的地方。在另一些更深也更封闭的屋室中，内壁上有瘤，堆积着死去的蚂蚁和粪便，产生了富含氮和矿物质的腐殖质。这些蚂蚁并不是植物的保护者，而是生活在植物内部的肥料提供者。这些内壁上的瘤就是专供植物汲取养分的。刺蚁茜从内部吸收能量、汲取矿物质，这是多么奇妙的方式啊，似乎更像是动物的行为，而不是植物！

“魔鬼的睾丸”究竟是植物还是蚁穴呢？这个问题毫无意义，因为蚂蚁和刺蚁茜无法离开彼此而生存。蚂蚁提供肥料，植物提供无需费心建造的住所，这是货真价实的共生关系。蚁穴里的“屋室”不是蚂蚁挖出来的，而是植物本身的构造。在欧洲的温室中，刺蚁茜的种子在发芽之后，就算没有蚂蚁在其中安家，它的块茎内也会呈现蚁穴的结构。但是，由于内部没有肥料，这些植物总是长不大、长不好。这是动植物协同进化的绝佳范例。不过，关于赤道森林中的进化，刺蚁茜提出了另一个极为深刻的问题：曾经有过什么样的相互作用，才使得蚂蚁和植物如此紧密地将生命连接在了一起？以至于如今的刺蚁茜会自动构筑蚁穴，甚至以更像动物的方式生存着。基因交流可以解释植物具有动物特征的原因吗？

显然，美拉尼西亚的森林还有很多稀奇古怪的事情要教给我们，这其中也涉及一些生物学中最基本的问题。

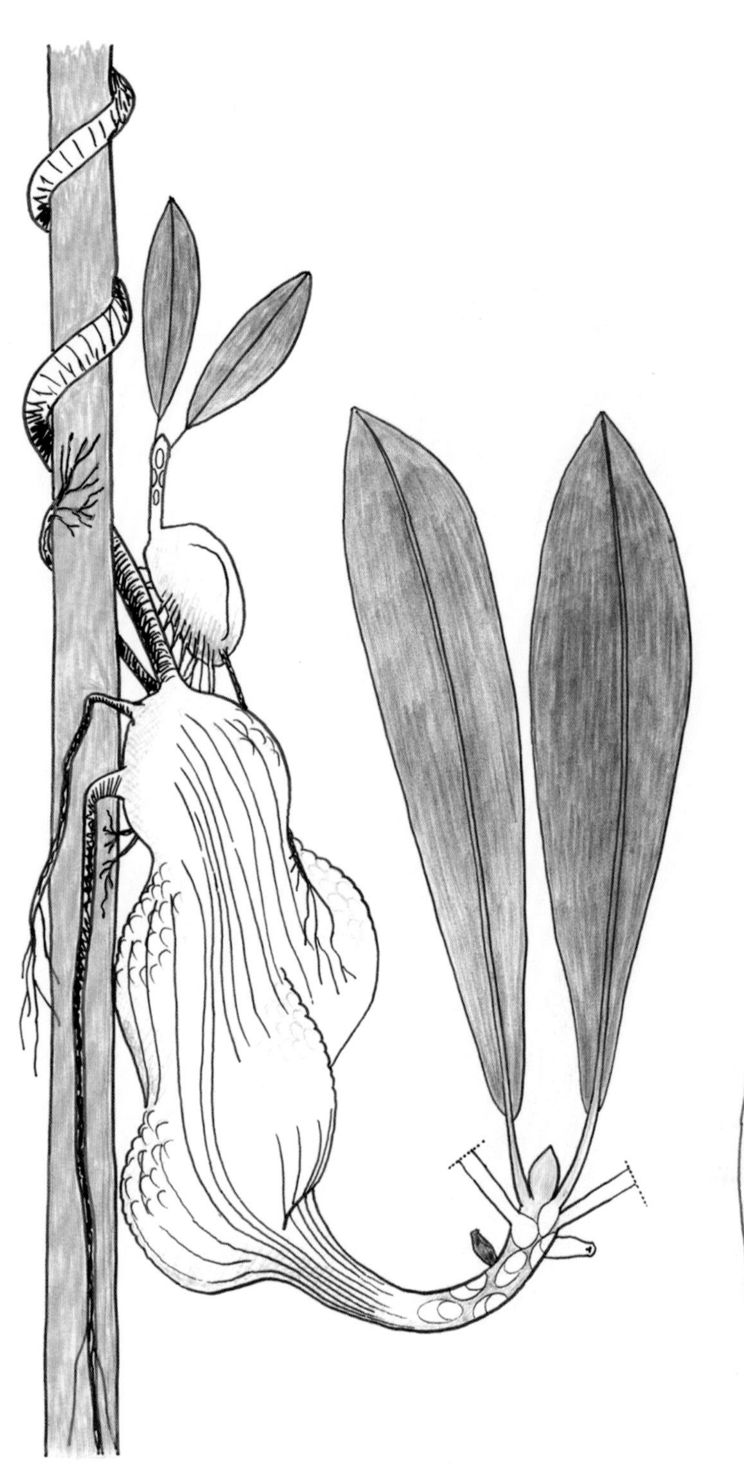

x60

# 生物学奇观

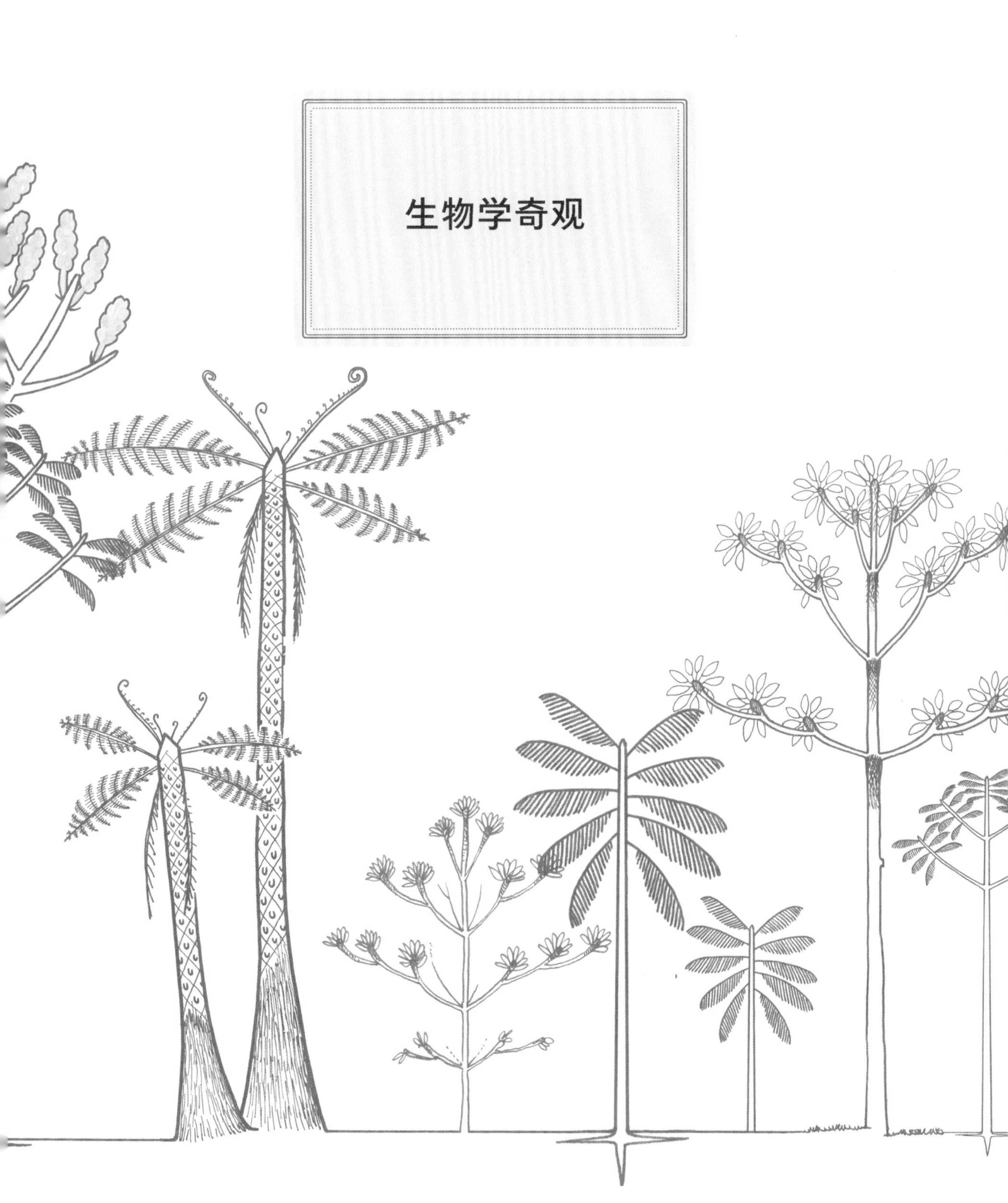

# 侏罗纪幸存者

## 南洋杉属

*Araucaria* Juss.

南洋杉科

这种树木的外形极具规律性的建筑美感。它高可达 70 米，颜色很深，树冠几乎呈黑色——这就是南半球特有的针叶林，俊美得超乎寻常。它们高大、笔直，一棵树紧挨着另一棵树，令人印象深刻。

南洋杉只有单一主干，树木垂直生长而没有重复。它的简洁和显而易见的几何性，造就了自身的威严和俊美。没有任何“现代”的树木是这样生长的。南洋杉是恐龙时代的幸存者，它曾见证过地球上非常古老的时期，距今已有 1.5 亿年了。

除了为人称道的俊美之外，部分南洋杉还保存了非常原始的外形特征。比如在新几内亚，亮叶南洋杉（*Araucaria hunsteinii K. Schum.*）层层堆叠起 2 个、3 个、4 个，甚至是 5 个树冠。这些树冠在树的底部就形成了，并随着树木的生长而上升。树枝按层级次序排列，每年都会有新的一层，想要计算树的年龄也就很容易。

南洋杉属共有 19 种，其中有 13 种是新喀里多尼亚群岛特有的。比如柱状南洋杉［*Araucaria columnaris* (G. Forst.) Hook.］，它于 1774 年被库克船长和同为植物学家的福斯特父子发现。他们在望远镜里看到这些树木，被其特殊的外形所吸引。“我们没能就这种植物的性质达成一致。”库克船长写道。

南洋杉属共有 19 种，其中有 13 种是新喀里多尼亚群岛特有的。比如柱状南洋杉［*Araucaria columnaris* (G. Forst.) Hook.］，它于 1774 年被库克船长和同为植物学家的福斯特父子发现。

一开始，他们以为看到了巨大的玄武岩流，后来才发现是松树。于是他们将这个离新几内亚大陆不远的岛屿命名为：松之岛。

在法国的西部和英国，人们可以观赏到非常美丽的智利南洋杉（*Araucaria araucana* K. Koch.）。英国人称其为“猴见愁”，因为这种树的叶子上有刺，而且布满整个树干，要想爬上去是很难的。智利的林务人员要是知道了“猴见愁”这个名字，一定大笑不止，因为智利压根就没有猴子！我曾在智利的一座山头观赏过风暴中的南洋杉林：森林看起来仿佛是一群黑色的巨兽，白雪覆盖其上；一棵棵树木紧挨着，如同一头头巨兽肩并肩，在风暴中顽强抵抗。那景象我永远不会忘记。

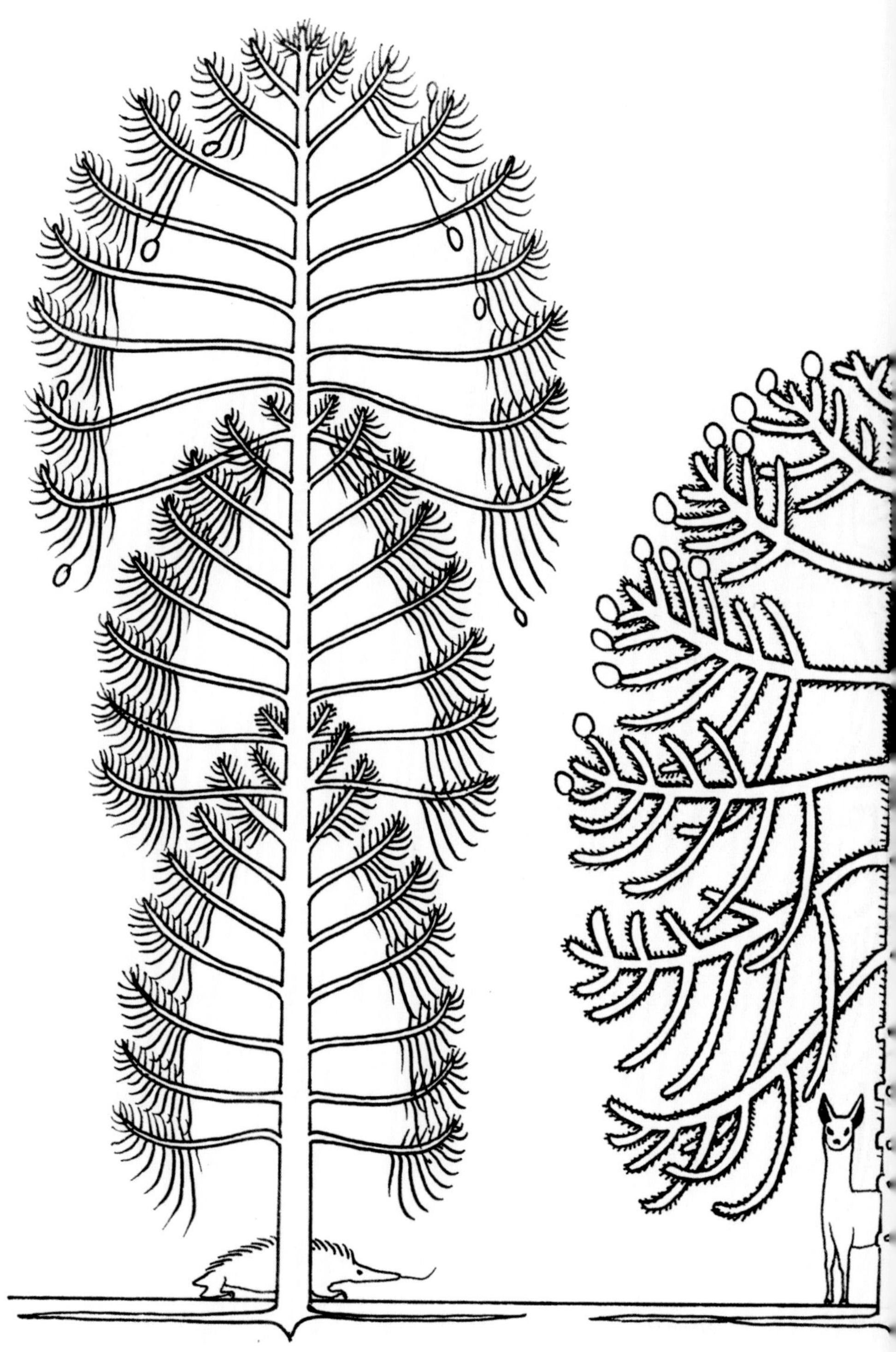

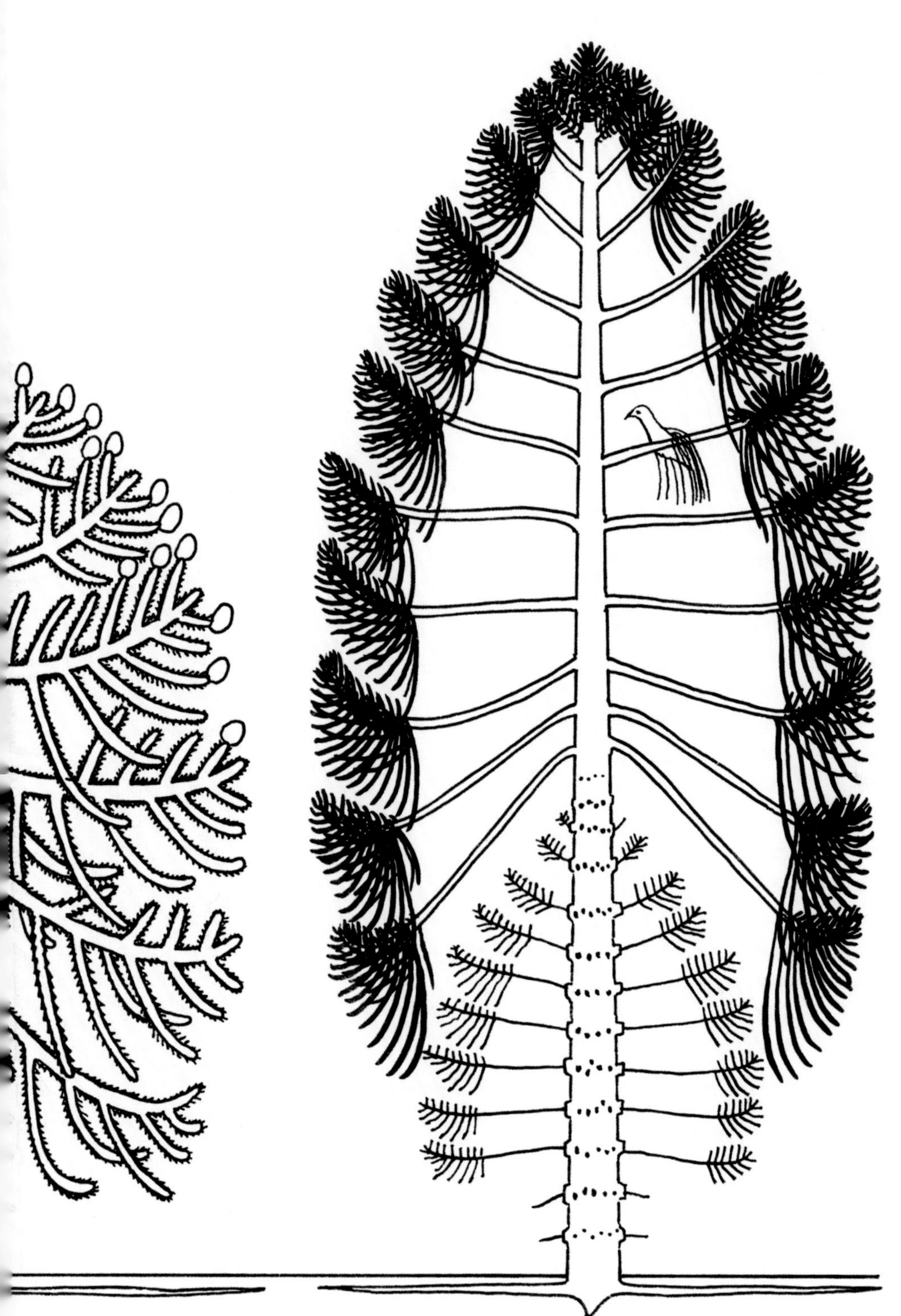

# 会下雨的树

*Ocotea foetens* (Aiton) Baill.

**樟科**

别名："Garoé"（当地语言，意为喷泉树）

耶罗岛是加那利群岛中的一个干旱小岛。那里几乎不下雨，但是一年里有两百多天，所有的高地都被乌云笼罩。耶罗岛上有一种树可以从雾气中收集水分，当地人称之为"Garoé"。它看起来很像月桂树。当潮湿的空气穿过叶片，就会发生凝结作用，于是有水滴落到地上：树木下雨了！

这个现象首次被提及，是在西班牙殖民者侵占加那利群岛的16世纪。1559年，巴托洛梅·德拉斯·卡萨斯（Bartolomé de las Casas）在《印度史》中写道："这棵树的头顶总是有一片小云，树上有水滴掉落。人们在下面挖出一个浅浅的水槽来集水，多亏了它，人类和动物才得以在干旱的日子里活下来。"

1563年，现代《奥德赛》般的《麦哲伦旅行日记》的作者安东尼奥·皮加费塔（Antonio Pigafetta）是这么记录的："耶罗岛上一滴雨也不下，但是在中午的时候，我们可以看到天上有云下沉，环绕在一棵大树的周围，而这棵树的叶子和枝干流出了大量的水。"

有一幅1748年的版画（请参阅第106页），展示了当时的原住民关切人（Guanches）在树下冲凉的景象。关切人称之为"喷泉树"，用当地语言说就是"Garoé"。在版画上，我们可以看到关切人安装了一个集水系统，一直通向村庄。这棵树大概有几个世纪以上的历史了，它曾在1610年被暴风雨连根拔起。关切人非常崇拜这棵能够从雾气中集水的树，尽管它所带来的降水不多，但至少可以帮助人们从事农业生产。"喷泉树"的灭绝和关切文明的消亡也息息相关。

如今，关切人视为图腾的"喷泉树"重获新生。历史的丝线在1948年的一次严重干旱中得以延续：岛上有位护林员名叫唐·索西莫·埃尔南德斯·马丁（Don Zósimo Hernández Martin），十分热衷于研究生态学和民俗传统。

Ocotea fœtens (spreng.) Baill. LAURACEAE

= Oreodaphne fœtens Nees

15m

≃ 2m

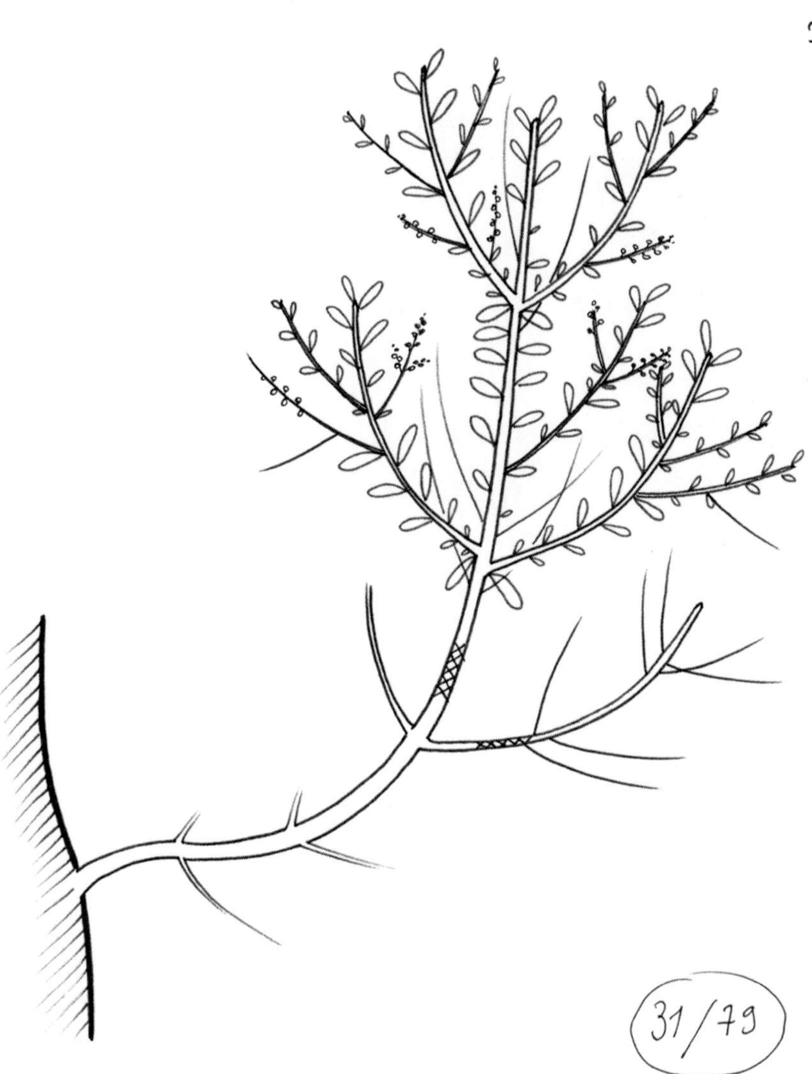

31/79

~~19 V 77~~ 26 mai 1977

Villa Thuret - Iles Canaries

他扦插了新的月桂枝，代替旧的月桂。雾气中的水分又重新聚集起来，滴落在旧日的挖出的浅水槽里，那是在西班牙殖民者占领这里之前，当地人曾经挖出来的。

20 世纪 60 年代，唐・索西莫在耶罗岛的朝圣路线上种下了喷泉树，并在月桂树的叶丛下建造了供牲畜饮水的水槽。他的这次植树造林，恢复的是本土的植被，对耶罗岛来说意义非凡。耶罗岛由此也被称为“铁岛”，在 2000 年被联合国教科文组织列入生物圈保护区。除了甜樟之外，岛上的月桂树、刺柏和松树等也都可以是“喷泉树”；在阿曼苏丹国，“喷泉树”的角色由橄榄树承担；在智利北部，则是刺苏木。能否捕获水分，不在于树种，而在于树木是否处在信风将海雾推向的山口的位置上。

如今，仍有很多人想要搞清楚如何抓取雾中的水分，耶罗岛的“喷泉树”就成了他们的灵感来源。1992 年，某科学杂志发表了一篇关于这种树的文章[1]，它自然收集雾水的特性渐渐引起了工程师的注意。2000 年左右，智利研究者在钢结构上装置了网状的设备，就像是一个“雾水捕捉器”。

1 Alain Gioda, « L’arbre fontaine », La Recherche, décembre 1992, p. 1400—1408.

近年来，在加那利群岛，人们开始使用塑料或是金属网制成的人工捕雾器。有了这个装置，雾气中的水分会凝成一滴一滴的水，落到接水的沟槽中，为耶罗岛以及北边特内里费岛的居民提供用水。在加那利，这种装置每平方米的日均产量约为30升。在象征着耶罗岛的徽章上，印着“喷泉树”的图案。

“这棵树的头顶总是有一片小云，树上有水滴掉落。人们在下面挖出一个浅浅的水槽来集水，多亏了它，人类和动物才得以在干旱的日子里活下来。”

——巴托洛梅·德拉斯·卡萨斯，《印度史》，1559

# “克隆”出的森林

**桫椤**

*Cyathea manniana* Hook.

桫椤科

别名：非洲大树蕨

树蕨是非洲最美丽的植物之一，它生长在海拔 1000 米以下的山区。我们看着这些像棕榈树一样壮美的桫椤，就知道自己是在跟一片壮阔的树蕨森林打交道。这两者确实有相似之处。但是，我们无法看见桫椤的根部，它们的细根互相交错，像是隐匿在一块毛毡之下。我们只有去切割树的根部，才能找到其中的树干，它的直径相当长。在它的周围，我们可以在那些更微小也更隐秘的根里，发现匍匐茎。必须要承认的是，这样的整座森林是“克隆”的产物。可即便这是“克隆”出的森林，要想了解它，也必须认真剖析每一个根本性的问题。

蕨类的树根是通过匍匐茎连结在一起的。它的茎直径很短，叶片也很小，功能是进行营养生殖。这些匍匐茎藏在根的下面，还起到了保持稳定的作用。每一根匍匐茎都从树干中生出，向下伸展，直扎到地上，开启一段四五米深的地下之旅。之后，它会破土而出，再次挺立，长成一棵新的树蕨。

除了营养生殖，树蕨也可以进行有性生殖，它那些极为细微的孢子可以随风播撒到很远的地方。桫椤就是靠着这种办法，从一座山长到了另一座山上。不过，树蕨森林的存在主要还是多亏了它的匍匐茎。在热带地区，蕨类植物在石炭纪就已经存在了，比我们的时代早了 3.45 亿年，比 1.8 亿年前的恐龙还要早呢！大型爬行动物灭绝了，蕨类植物仍然活着，且保留着棕榈树似的形态。

热带植物学有时跟考古学差不多，要跟活化石一般的植物打交道，这是古植物学研究中的一部分。不过，古植物学也会涉及对现代植物的研究，因为植物仍在不断演化。

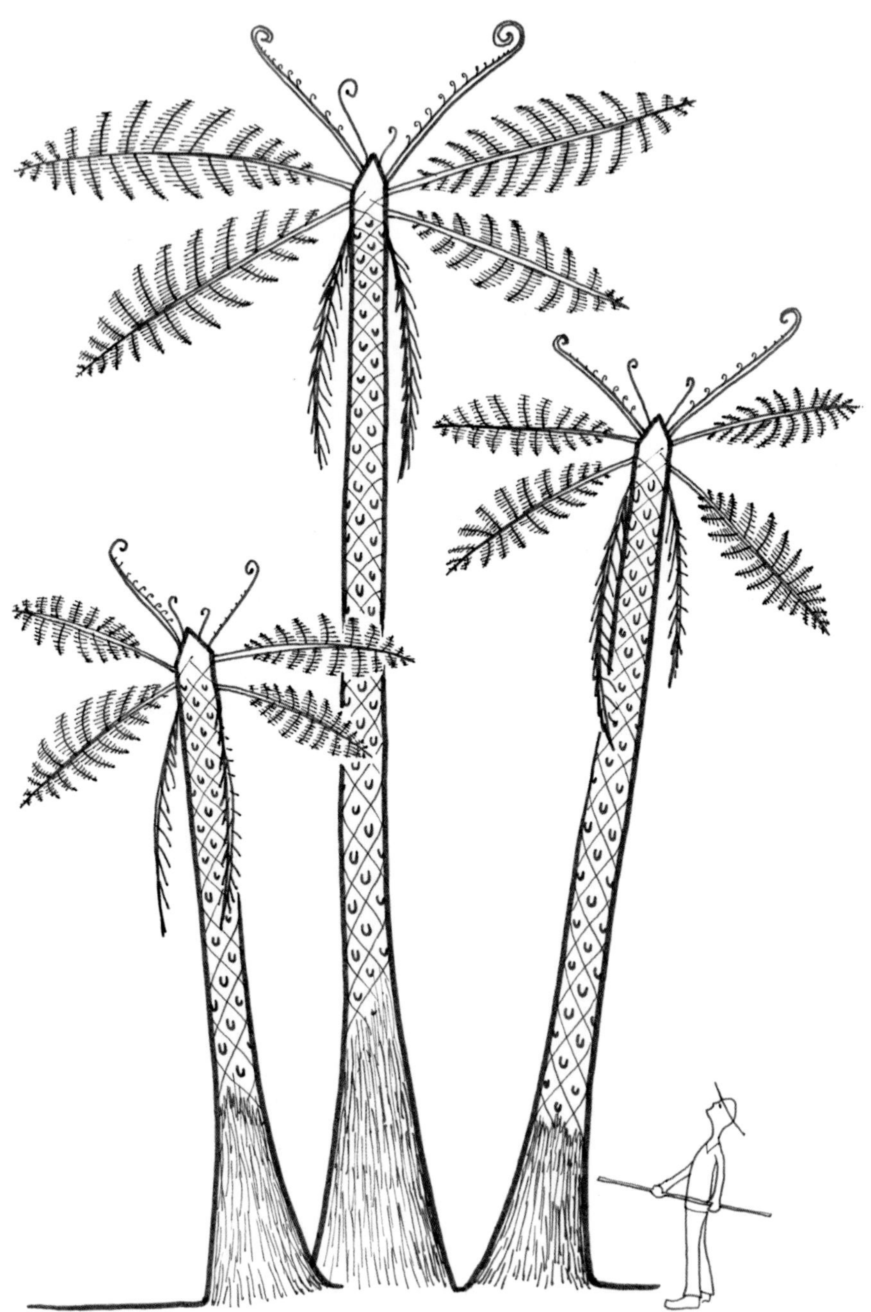

# 长在叶片上的花

## 叶串木

*Phyllobotryon spathulatum* Müll. Arg.

青钟麻科

我的父亲是农学家，曾经环游世界。我们家有 7 个兄弟，都或多或少地从事着和农学有关的工作。我是家里最小的孩子，总是看着哥哥们从热带归来，带回许多神奇的见闻，然后看着他们短暂地在巴黎停留一阵，又急匆匆奔赴魂牵梦萦的远方。到热带去，这是我们家族的传统。

我在成为植物学家之后，也去了热带地区，那里的植物最为丰茂。是的，热带地区的植物比其他地方的要繁盛得多、神奇得多！在森林里，气温总是那么适宜植物生长，这大大提高了物种的多样性。这里的树种多达几千种，欧洲与之相比太少了。热带地区的植物也更美、更大，更加超乎想象，这是其他地方比不了的。而且，其中有很多物种，还是未知的。在欧洲，那些植物已经被反复研究、学习过了，可是在赤道附近的森林中，还有许多无名的植物，甚至有的还没被采集到呢！

叶串木就是热带森林给我们的一个惊喜。我第一次见到它是在喀麦隆的坎波森林里。它是青钟麻科的植物，开花的位置非同寻常。有时它的花朵会从土里钻出来（参见第 42 页），有时也可以从叶片上长出来。叶串木的花朵和果实都在叶子的表面，就在中间的叶脉上。

通常情况下，花和叶是两个分开的器官，欧洲的植物就是这样。但是现在我们要说的是一种热带植物。世界上仅有两三种植物的花朵长在叶片上，而叶串木是最美的那个。

由此我们可以反思，欧洲的植物，代表的仅仅是植物存在的某种可能性。这只是植物本身从所有可以施行的生存策略中挑选出来的，并不是全部。要想找出所有的可能，就要走到潮湿的热带雨林中去。

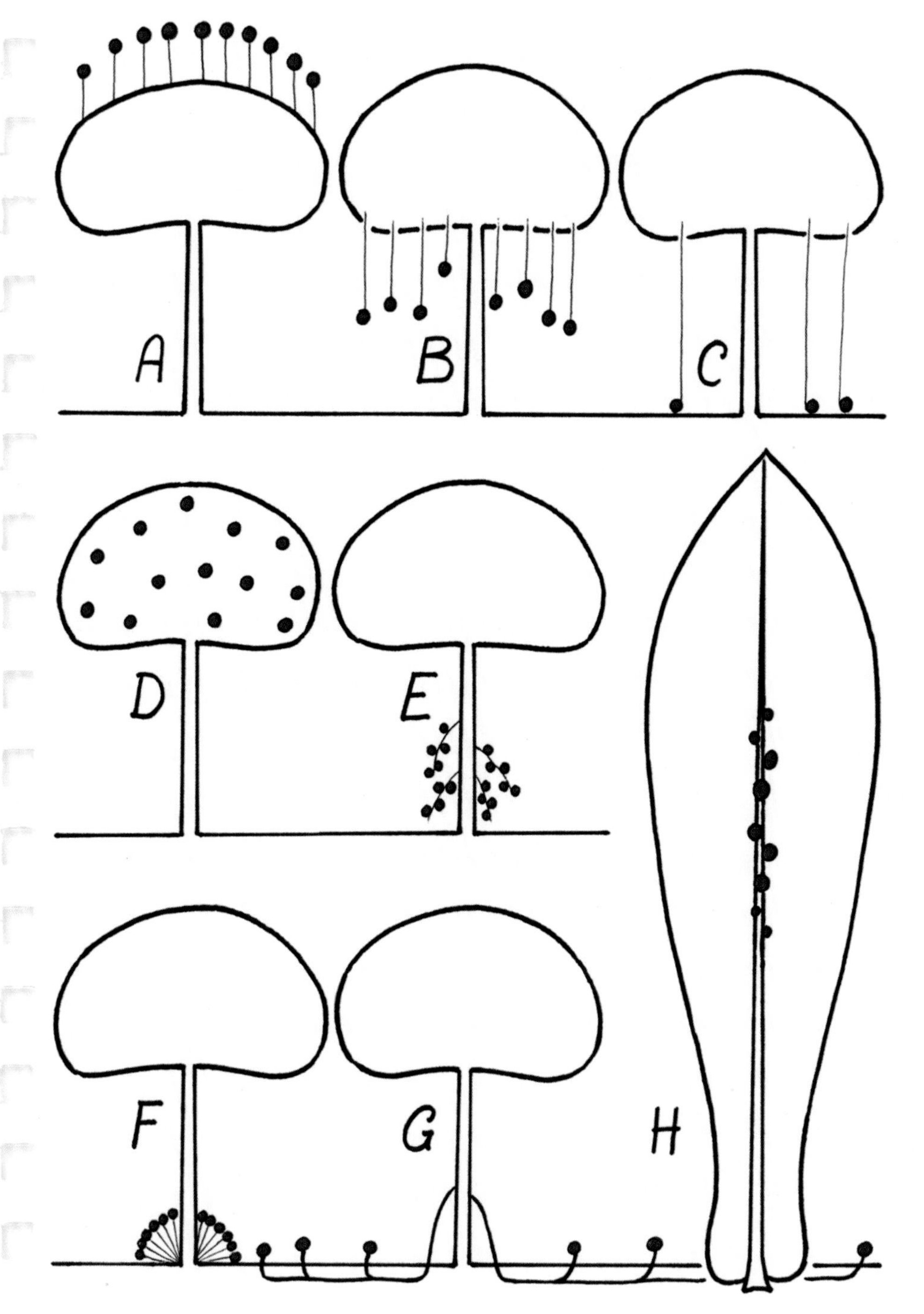
A
B
C
D
E
F
G
H

# 建筑缪斯

## 亚马孙王莲

*Victoria amazonica* (Poeppig) Sowerby

睡莲科

这种睡莲令人惊艳。我们只能看到它漂浮在水上的圆形叶片，直径可达 2 米。它的叶片平坦，片缘有锯齿，看起来有点像是做馅饼用的模具，只不过是超大型的，而且多了两个“溢出的部分”，那就是叶片上的两个裂口，其作用是排出雨水。

我有个稀奇的故事要讲：英国建筑家约瑟夫·帕克斯顿（Joseph Paxton）就是受到了亚马孙王莲的启发，设计了“水晶宫（Crystal Palace）”。他是一位特别有天赋的园艺家，他的一生和 1801 年在玻利维亚被发现的亚马孙玉莲紧密地联系在一起。在 1849 年，部分亚马孙王莲的种子被运往英国，种植在邱园，然而种植失败了。当时，约瑟夫·帕克斯顿在园艺界很有名气，于是人们向他求助，希望他能够让最后一批种子发芽。在他的照料下，亚马孙王莲适应了环境，开了花。这件历史性的大事件在伦敦掀起一阵热潮，维多利亚女王还授予他荣誉爵位。

后来帕克斯顿发现，亚马孙王莲的叶子竟能承受一个孩子的重量！《伦敦新闻画报》就曾刊登过一幅版画，上面是帕克斯顿的女儿安娜，她穿着仙女服，端坐在王莲的叶子上。王莲的叶子之所以如此结实，是因为叶子背面的叶脉交错纵横，形成了支撑体。部分叶脉呈辐射状分布，硬度大，上面长满坚实的小刺；另外一部分叶脉，往相反的方向发展，呈同心圆状分布。两者相互交错，增强了承受力。王莲叶片底部整个是紫红色的，非常艳丽。帕克斯顿因园艺而知名，后来他钻研建筑，并被委任为世界博览会会场“水晶宫”的设计师。亚马孙王莲叶片的结构为他带来了灵感，帕克斯顿决定要建造一座由铁和玻璃构建的宫殿，也就是 1851 年在伦敦亮相的水晶宫。

帕克斯顿发现，亚马孙王莲的叶子竟能承受一个孩子的重量！《伦敦新闻画报》就曾刊登过一幅版画，画上是帕克斯顿的女儿安娜，她穿着仙女服，安坐在王莲的叶子上。

亚马孙王莲还有其他惊喜呢！它的花很大，直径可达30厘米，可以开放一天两夜。在第一天的傍晚，王莲从一个长满茎刺的巨大花蕾中开出白花。它的圆形花瓣散发出特别的味道，闻起来和香蕉很像。奇怪的是，在这一晚，王莲是温热的。这种热度反应显示，它的内部温度比环境温度高出11度。王莲的香味和温度都吸引着昆虫飞向它。到了黎明，当花朵闭合，昆虫就会被关进这个陷阱，在里面待上一整天，吸取花蜜。在第二天夜里，王莲会变成粉色，甚至是红色。傍晚时分，前一晚被困住的昆虫会被放出来，身上沾满花粉，飞向下一片沃土、下一朵花。第二天黎明，王莲凋谢，花瓣闭合，沉入水中，它的果实会在水下成熟。

亚马孙王莲是亚马孙地区的代表性植物，是极为非凡的物种，但是人们对它的了解还是不够。我们还不知道它的花朵是顶端生的，还是侧生的；它的结构也仍是研究的空白。这一切都在呼唤一位勇敢、经验丰富，且愿意忘我投入的领头人！

# 绞杀事件

## 榕属

*Ficus*

桑科

别名：印度榕树

在热带地区，有 850 种榕属植物。它们都结有果实，但是其中很少有可以食用的。不过，在欧洲的地中海地区有这样一种榕属植物，叫作“无花果（*Ficus carica*）”，它的果实非常可口。榕属植物的果实并不是水果，只需要削开它就会发现里面有花朵，细小且繁多。这种果实的另一个特点在于，就算是一个极为微小的伤口，它也会流出白色的乳汁。所有的桑科植物都是这样的。

热带的榕属植物形态各异，有的是小灌木，有的是攀缘植物，有的长成了参天大树，还有的是附生树木（也就是说在其他植物身上生长）。绞杀性的榕树就属于最后一类。它的果实吸引小鸟和猴子，种子被动物吞下，之后随粪便排出。

绞杀榕树的种子如果掉在了昏暗的灌木层中，是无法存活的。不过，若是它掉落在某棵树的树顶上，就能够发芽，并且很快地长成一棵小榕树。一颗果实中的种子实在是太多了，从统计学的角度来看，绝对会有一部分能在大树的树顶上“安家”。年幼的榕树立足在附主植物的枝干上，向大地伸出它的根；与此同时，它也会呈螺旋状地向上生长。当它的根相互连结，就会收缩、收紧。几个月之后，就能形成一个很是坚固的铁项圈，缠绕在附主植物身上。附主植物的枝干由于没有成长的空间，会在几年内死亡。但若是棕榈树的话，就是另外一回事了。实际上，棕榈树不会拓宽直径，而是一门心思地向上生长。所以，就算是遇到了绞杀榕树，它也能凭借智慧免遭毒手。

通常情况下，附主植物死后会在潮热的环境中迅速腐烂，形成腐殖质。绞杀榕树则受益于这些丰富的养料，不断壮大，长得比从前的附主植物还要高大得多。绞杀榕树过河拆桥，最终，受害者仅仅在赢家巨大的枝干中间留有一个张开的空洞。

加尔各答植物园里有一棵著名的榕树。这棵印度榕树大概有 200 年了，占地 1.6 公顷，周长 120 米，重达 1775 吨。

其他的榕树也可以杀死树木，但用的是另一种更为隐秘的手段。我们将之统称为“分裂者”，菩提树（*Ficus religiosa*）就是其中一种。它的根会在附主植物的树干中开辟出一条路，然后向大地伸展。这些根不断壮大，就像伐木工手中的尖刃，让附主分崩离析，最终死亡。就算是我们在花园中常常见到的那种普通的菩提树，也拥有足以摧毁一栋建筑的力量。它长出的细根可以轻易地穿透石头，在不断的膨胀中使墙面分裂。

我觉得，榕树或许能在未来主宰植物界。在地球的历史进程中，植物经历了这样几代演变：最早的是蕨类植物时代，之后是针叶类植物时代，然后是开花植物时代，一直持续到了今天。这种持续的演进还在继续，那么在如今的植物群落中肯定潜藏着未来的“接班人”，很可能就是榕属植物。这种树太奇怪了，它能结出果实，但是却没有看得见的花朵，因为它把花开在了果实中。它的果实被动物啃食，而这些被咀嚼的种子才是货真价实的榕树果实。

为什么我推测榕树是植物的未来呢？因为我们在榕树身上，观察到了开花植物和授粉者间最为亲密的合作。榕树的授粉者就住在它的果实里，这种协同进化特别先进。对于每一个种类的榕树，只有唯一一种昆虫能够完成它的授粉。有一种小小的胡蜂可以进入榕树果实上面的一个小洞，在钻进钻出的过程中，将花粉携往其他果实中。还有另外一种榕树，俗称“野无花果”，它在冬天的时候长出不可食用的果实，只是为了让小小的胡蜂授粉者可以生存下去。

如果说，植物发展的历史趋势，越来越多地倾向于拉近植物和授粉者之间的关系，那么榕树似乎在这种趋势中拔得了头筹。

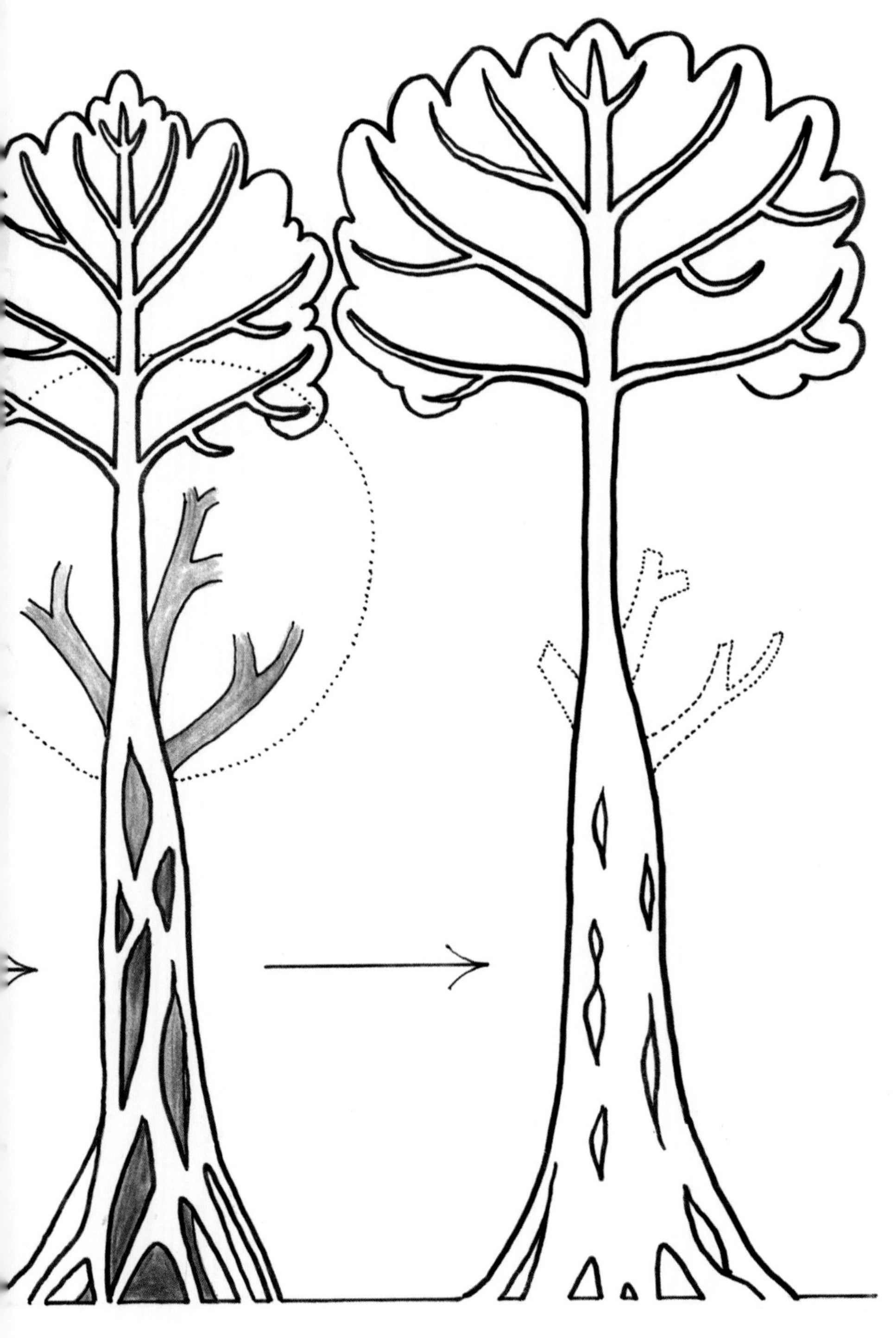

# 词汇表

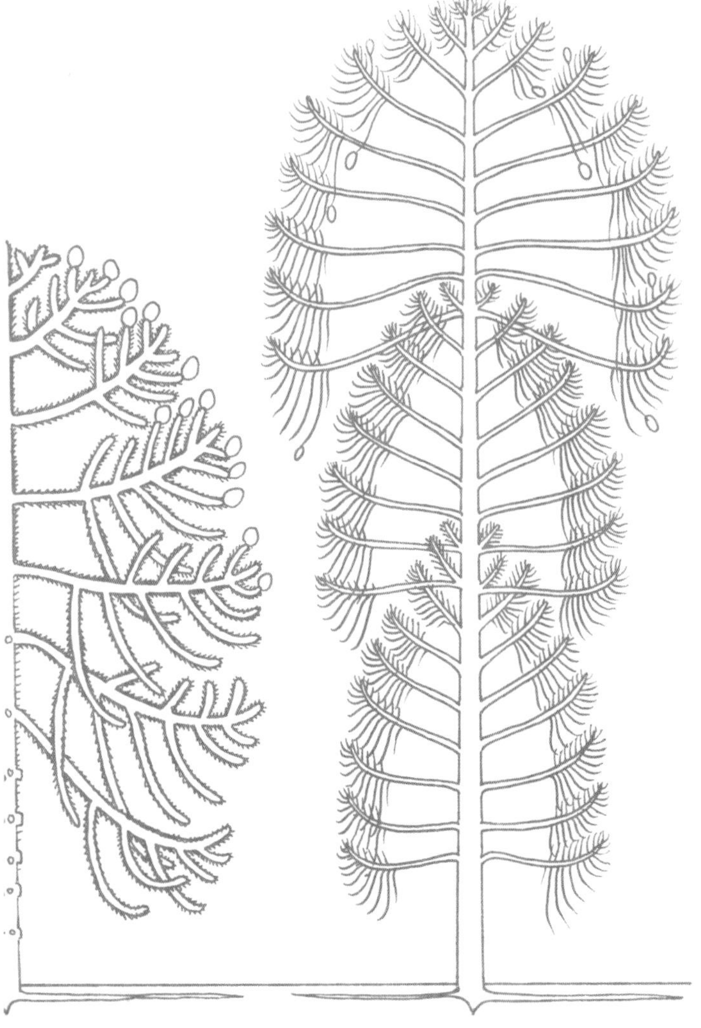

**林冠层（Canopée）**· 森林中树木顶部的树干和枝叶组成的植物层。在热带森林中，林冠层庇护着无数植物和动物，它们得以享受到阳光直射，这在地表几乎是不可能的。

**无性系（Clone）**· 从一个初始细胞中生出的细胞；通过无性繁殖产生的植物个体群。

**协同进化（Coévolution）**· 两个或多个物种相互作用（共生关系、猎物与捕食者、寄主与寄生者），发展出存在于它们之间的共同进化方式。

**附生植物（Épiphyte）**· 将其他植物作为支撑者，并在它身上生长的植物。附生植物与寄生植物不同，它是从太阳光、空气、雨水和附主的残余物中汲取养分的。

**科（Famille）**· 植物的分类单位，在“属”之上。植物的科包含了相近的属的植物。拉丁名称中，植物的科总是以“-aceae”结尾。

**藤本植物（Liane）**· 长有柔软长茎的植物，依附在支撑物上。藤可以通过缠绕、攀缘，环绕在支撑物上，也可以利用极具附着力的根或挂钩、小刺，紧紧攥住支撑物，或是挂在上面。

**植物结构模型（Modèle architectural）**· 一棵树的结构形状不是没有章法的。树木形态共有 24 种模型，也就是 24 种生长模式。确定这些模式的根据是：树枝的水平生长或垂直生长状态，茎的生长方式，花序的排列。对于每种植物而言，不论周围环境怎样变化，它的结构模型是不变的。

**光合作用（Photosynthèse）**· 叶绿素在阳光的作用下，与矿物质（大气中的二氧化碳、土壤和水中的矿物质）形成有机物，释放氧气。

**花粉（Pollen）**· 花粉的种子中有雄配子体，可以形成雄配子。

**授粉（Pollonisation）**· 种子植物的雄性生殖器官将花粉传播给雌性生殖器官。这个过程通常需要一个授粉者担任中间媒介，比如昆虫、风和水。

**根（Racine）**· 维管植物的轴的内部组织，可以保持植物稳定，收集并且传递水和矿物质营养。植物的根通常在地下，与茎的区别或许就在于没有叶绿素和芽。

**再重复（Réitération）**· 通过这个机制，树木形成了它的形态结构和结构单位，它会不断重复，并且加上了之前的组织单位。

**匍匐茎（Stolon）**· 叶片很小的茎，通常在地面水平生长，可以长得十分繁茂（草莓、土豆、委陵菜等）。

**佛焰苞（Spathe）**· 花序的膜状部分，看起来很像叶片。它实际上是个巨大的苞片，围住了花朵的一部分（比如鸢尾花），或是部分花序（比如大蒜和海芋）。

**共生（Symbiose）**· 植物和微生物，真菌和藻类，植物和蚂蚁，或植物和真菌之间的坚实合作，双方都能从中受益。

**树干（Tronc）**· 树木的主干，或根系之上有叶丛的小灌木。

**单一主干（Unitaire）**· 单一结构主体的树木。在其生长过程中，只有这一个主体。

图书在版编目（CIP）数据

非常植物 / (法) 弗朗西斯・阿雷著；郭芊叶译
. -- 北京：北京联合出版公司, 2022.2
（诗意图鉴）
ISBN 978-7-5596-5787-9

Ⅰ. ①非… Ⅱ. ①弗… ②郭… Ⅲ. ①植物－普及读物 Ⅳ. ①Q94-49

中国版本图书馆CIP数据核字(2021)第257309号

Atlas de botanique poétique
By Francis Hallé
Graphic design by Karin Doering-Froger

北京市版权局著作权合同登记 图字：01-2021-7111

**非常植物**

著　　者：［法］弗朗西斯・阿雷
译　　者：郭芊叶
出 品 人：赵红仕
选题策划：银杏树下
出版统筹：吴兴元
编辑统筹：郝明慧
特约编辑：贾蓝钧
责任编辑：孙志文
营销推广：ONEBOOK
装帧制造：墨白空间・肖雅

---

北京联合出版公司出版
（北京市西城区德外大街 83 号楼 9 层　100088）
后浪出版咨询（北京）有限责任公司发行
天津图文方嘉印刷有限公司　新华书店经销
字数 75 千字　787 毫米 × 1092 毫米　1/16　7.75 印张
2022 年 2 月第 1 版　2022 年 2 月第 1 次印刷　印数 6000
ISBN 978-7-5596-5787-9
定价：118.00 元

---

## 诗意图鉴系列 5 本

从神秘莫测的动植物到地球上不为人知的隐秘角落

诗意图鉴用细腻的手绘插图和优美的文字带领你探索

变幻万千的自然万物、文明古城的前世今生和尚未发掘的无人之地